Axel Zenger

Atmosphärische Ausbreitungsmodellierung

Axel Zenger

Atmosphärische Ausbreitungsmodellierung

Grundlagen und Praxis

Mit 87 Abbildungen und 23 Tabellen

Springer

Prof. Dr. rer. nat. Axel Zenger

Werderstraße 6a
69120 Heidelberg

e-mail: axel.zenger@t-online.de

ISBN 978-3-642-63811-4   ISBN 978-3-642-58979-9(eBook)
DOI 10.1007/978-3-642-58979-9

Die Deutsche Bibliothek – CIP-Einheitsaufnahme

Zenger, Axel:
Atmosphärische Ausbreitungsmodellierung: Grundlagen und Praxis / Axel Zenger. - Berlin; Heidelberg; New York; Barcelona; Budapest; Hong Kong; London; Mailand; Paris; Singapur; Tokio: Springer 1998

SPIN: 10645674   30/3136   - 5 4 3 2 1 0

Vorwort

Atmosphärische Ausbreitungsrechnungen und Immissionsprognosen werden heutzutage im Rahmen von Umweltverträglichkeitsprüfungen, Genehmigungsverfahren, Risikoabschätzungen oder im Bereich der Umweltplanung nicht mehr ausschließlich von Meteorologen durchgeführt. Viele Berufszweige wie z. B. Stadt-, Landes- oder Verkehrsplaner, Bauingenieure, Umwelt- und Verfahrensingenieure oder Architekten setzen mittlerweile vermehrt auch atmosphärische Ausbreitungsmodelle ein, um mögliche lufthygienische oder klimatische Auswirkungen ihrer Planungen schon im Vorfeld abschätzen zu können. Hierbei ist es für den Anwender jedoch oft schwierig, sich das notwendige methodische und fachliche Basiswissen zur Durchführung einer Immissionsprognose anzueignen. Dies ist jedoch notwendig, da es nicht ausreicht, atmosphärische Ausbreitungsmodelle „nur bedienen" zu können. Der Anwender muß zur Interpretation und Bewertung der erhaltenen Resultate verstehen, wie die Modelle arbeiten bzw. wie sensitiv diese auf unterschiedliche Eingabeparameter reagieren. Fachbücher über Meteorologie, Ausbreitungsmodellierung und numerische Mathematik decken diesen Bereich nur teilweise ab, da sie selten den notwendigen Praxisbezug herstellen, oft sehr theoretisch aufgebaut sind und meist ein sehr großes Vorwissen voraussetzen.

Hier setzt das vorliegende Buch an. Es beschreibt die wesentlichen physikalischen, meteorologischen und numerischen Grundlagen der atmosphärischen Ausbreitungsmodellierung und zeigt anhand von Beispielen, wie eine Immissionsprognose durchgeführt werden kann. Es wurde dabei bis auf die Beschreibung der numerischen Behandlung von Differenzialgleichungen im Kap. 3 bewußt auf tiefgehende mathematische Zusammenhänge verzichtet, um statt dessen den Praxisbezug und das Verständnis für die methodischen Verfahren und Schwierigkeiten zu erhöhen.

Zielgruppe des Buches sind Ingenieure und Wissenschaftler, die sich im Rahmen ihrer Ausbildung und beruflichen Praxis mit den Aspekten der atmosphärischen Schadstoffausbreitung bei umweltrelevanten Fragestellungen beschäftigen.

Dieses Buch ist aus einer einsemestrigen Vorlesung hervorgegangen, die ich seit einigen Jahren im Rahmen meiner Lehrveranstaltungen zu dem Themenbereich Umweltschutz im Bauwesen an der Fachhochschule Mainz halte. Das Buch soll zum einen als Lehrbuch einen Einstieg in die Themenbereiche numerische Modellierung, Umweltmeteorologie und atmosphärische Ausbreitungsmodellierung ermöglichen, zum anderen aber auch Praktikern die Möglichkeiten und Grenzen der praxisorientierten Ausbreitungsmodellierung aufzeigen.

Diesem Buch liegen mehrere Programme bei, mit deren Hilfe komplexe Zusammenhänge veranschaulicht werden können. Zwei Programmsysteme ermöglichen darüber hinaus die Durchführung einer atmosphärischen Ausbreitungsmodellierung in ebenem und bebautem Gelände. Es muß jedoch erwähnt werden, daß das Gauß-Fahnenmodell TA-GAUS und das prognostische Strömungs- und Ausbreitungsmodell MISKAM Studienversionen sind, die eingeschränkte Funktionen aufweisen und sich nicht zur Durchführung von Gutachten eignen.

Zur Ausführung der Programme wird ein PC mit mindestens einem 80386er Prozessor, 4MB RAM, DOS 5.0 oder höher und Windows 3.1 oder Windows 95 benötigt.

Bedanken möchte ich mich an dieser Stelle bei allen, die zum Zustandekommen dieses Buches beigetragen haben. Ich danke Dr. Eichhorn, daß er die Demoversion des Programmsystems *MISKAM* zur Verfügung gestellt hat und Dipl. Meteorologen A. Rühling, Dr. G. Schädler, Dr. T. Flassak und Dr. F. Finocchi für das inhaltliche Korrekturlesen. Ganz besonders danke ich meiner Frau für die Rücksichtnahme auf meinen erhöhten Arbeitsaufwand und die vielen kleinen und großen Hilfen bei der Erstellung dieses Buches.

Inhaltsverzeichnis

1 Einleitung

„Sobald ich die schwere Luft von Rom verlassen hatte und den Gestank der qualmenden Kamine, die bei Betrieb alle möglichen Dämpfe und Ruß ausstießen, verspürte ich einen angenehmen Wandel meines Befindens". Diese Aussage von Plinius dem Älteren (zitiert in Stern et al., 1984) stammt aus dem Jahr 61 n.Chr. und zeigt, daß luftgetragene Schadstoffe schon vor nahezu zwei Jahrtausenden zu einer Belastung der Umwelt und des menschlichen Befindens führten. Mit zunehmendem Verbrauch fossiler Energieträger häuften sich ab Mitte unseres Jahrtausends die Beschwerden über eine zunehmende anthropogene Luftbelastung. Der Brite J. Evelyn äußerte sich z.B. 1664 über Kohlefeuerungen in Haushalten und Manufakturen: „Dieser schreckliche Rauch schwärzt unsere Kirchen, ruiniert unsere Kleider, verdirbt das Wasser und selbst mit dem Regen fällt dieser Schmutz herab, der schwarz und klebrig alles verschmutzt und verunreinigt" (zitiert in Miersch, 1994). Dennoch wurden rauchende Schornsteine noch bis ins späte 19. Jahrhundert meist nur als Inbegriff des technischen Fortschritts und damit als positive Errungenschaft betrachtet.

Das Wachstum der Städte, die Auswirkungen industrieller und technischer Neuerungen und der exponentiell zunehmende Primärenergieverbrauch verschärften die Umweltproblematik zur Mitte des zwanzigsten Jahrhunderts. Unverbrannte Kohlenwasserstoffe und Stickoxide aus Autoabgasen führten z.B. schon in den 40er Jahren in Los Angeles zu Phasen mit Sommer- bzw. Photosmog. In den europäischen Zentren des Kohleverbrauches kam es über Jahre hinweg immer wieder zu Episoden des berüchtigten, sogenannten London-Smogs, der auf einer Anreicherung von Schwefeldioxid und Schwebstaub während austauscharmer Wetterlagen beruht. Im Dezember des Jahres 1952 trat eine der gravierendsten Smogperioden auf. Innerhalb von nur 4 Tagen verzeichnete man in London durch die hohe Luftbelastung nahezu 4000 zusätzliche Todesfälle aufgrund von Lungen- und Herzerkrankungen.

Die stetig zunehmende Luftbelastung in den meisten Ballungs- und Industriegebieten und die wachsende Sensibilisierung der Bevölkerung führten Mitte dieses Jahrhunderts zur Einleitung einer Umweltpolitik und der Verabschiedung von Gesetzen zur Luftreinhaltung. In Deutschland trat die erste Fassung der allgemeinen Verwaltungsvorschrift Technischen Anleitung Luft im Jahr 1964 in Kraft, das Bundesimmissonsschutzgesetz wurde 1974 verabschiedet. 1983 erfolgte eine teilweise Novellierung der TA-Luft, die 1986 mit zusätzlichen Anforderungen vervollständigt wurde.

Mittlerweile müssen bei der Planung von emissionsrelevanten Industrie- und Energieversorgungsanlagen, aber auch der Projektierung von Bundesautobahnen,

Deponien, Einrichtungen zur Müllentsorgung und einer Vielzahl ähnlicher Vorhaben lufthygienische Untersuchungen durchgeführt werden, um die umwelt- und gesundheitsrelevanten Auswirkungen der geplanten Maßnahme schon im Vorfeld zu überprüfen. Der Vorsorgecharakter bezüglich Umwelt und Gesundheit ist bei lufthygienischen Fragestellungen besonders relevant, da

- der Mensch täglich etwa 10000 l Luft inhaliert und damit Luftinhaltsstoffen besonders stark ausgesetzt ist. Die Schadstoffe oder –gase kommen aufgrund der 80 - 120 m^2 großen Lungenoberfläche intensiv mit dem Körper in Kontakt und können, je nach Schadstoff, sowohl allergische, toxische oder auch kanzerogene Reaktionen hervorrufen
- die Ausbreitungsgeschwindigkeiten in der Atmosphäre vergleichsweise hoch sind. Bei Windgeschwindigkeiten von 10 m/s können Luftschadstoffe, die z.B. bei Störfällen freigesetzt werden, innerhalb einer Stunde fast 40 Kilometer zurücklegen, wodurch eine Warnung der betroffenen Bevölkerung sehr schwierig ist
- Schadstoffe bei ungünstigen Ausbreitungsbedingungen vergleichsweise nur schlecht verdünnt werden
- einmal in die Atmosphäre eingebrachte Schadstoffe nur über natürliche Abbauprozesse und die Ablagerung am Boden oder auf Pflanzen entfernt werden.

Seit einigen Jahrzehnten versucht man die Menschen und die Umwelt durch Luftreinhaltemaßnahmen vor hohen Luftbelastungen zu schützen. Dies geschieht zum einen durch eine Begrenzung der Schadstoffmengen, die maximal abgegeben werden dürfen (Emissionen) und zum anderen durch eine Kontrolle der zulässigen Konzentrationen in der Umgebungsluft (Immissionen). Da Schadstoffemissionen auch bei der besten Reinigungstechnik nicht gänzlich zu vermeiden sind und die Immissionskonzentrationen auch von der Vorbelastung und der Verdünnung längs des Ausbreitungspfades abhängen, muß man vor der Genehmigung eines geplanten Vorhabens analysieren, welche Schadstoffkonzentrationen in dessen Umgebung zu erwarten sind. Das heißt, unter Zugrundelage der Freisetzungsmenge muß der Transport und die Verdünnung der Schadstoffe analysiert und zur Vorbelastung addiert werden. Die so ermittelte Gesamtbelastung wird dann mit den zugehörigen Grenzwerten verglichen und ermöglicht eine Aussage über die Gesundheits- und Umweltrelevanz und damit über die Genehmigungsfähigkeit eines Vorhabens. Dies ist eine der wesentlichen Aufgaben der praxisorientierten atmosphärischen Ausbreitungsmodellierung.

Erste grundlegende Veröffentlichungen zu Fragen der kleinskaligen atmosphärische Ausbreitungsmodellierung findet man schon vor mehr als 50 Jahren. Zur Beurteilung oder Kontrolle emissionsrelevanter Anlagen wurden numerische Modelle jedoch erst ab den 70´er Jahren vermehrt eingesetzt. Für eine vergleichende Beschreibung der bis zum Jahr 1982 vor allem in den USA und der Sowjetunion verwendeten praxisorientierten atmosphärischen Ausbreitungsmodelle sei auf einen Bericht der World Meteorological Organisation von Hanna (1982) verwiesen. In der BRD wurde im Jahr 1986 mit der Technischen Anleitung Luft (TA-Luft, 1986) ein für genehmigungsbedürftige Anlagen anzuwendendes Ausbreitungsmodell festgeschrieben. Die TA-Luft (1986) und das darin beschriebene *Gaußmodell* wird in der BRD noch immer angewendet. Die mit diesem Ausbreitungsmodell gesammelten Erfahrungen zeigen, daß das TA-Luft Modell für einfache Standardsituationen durchaus plausible und realitätsnahe Ergebnisse liefert.

Für komplexere Fragestellungen, wie z.B. die Schadstoffausbreitung in Stadtgebieten, in orographisch gegliedertem Gelände oder beim Vorliegen von lokalklimatischen Besonderheiten reichen einfache Ausbreitungsmodelle jedoch nicht mehr aus. Für derartige Fragestellungen gibt es mittlerweile eine Reihe von praxisorientierten numerischen Modellen, die eine Immissionsprognose auch bei nicht standardmäßigen Ausbreitungssituationen ermöglichen.

2 Definitionen und Einheiten

Ziel der praxisorientierten atmosphärischen Ausbreitungsmodellierung bei umweltrelevanten Fragestellungen ist es, ausgehend von der Schadstofffreisetzung
(Emission), der Vorbelastung und den meteorologischen Randbedingungen die
Konzentration der interessierenden Luftbeimengung (Immission) im Umkreis der
Emissionsquelle zu berechnen und die so ermittelten Immissionen mit den bestehenden Grenz-, Richt- oder Orientierungswerten zu vergleichen.

$$\text{Emission} \Rightarrow \quad \begin{matrix} \text{Vorbelastung} \\ \text{Meteorologie} \\ \text{Umwandlung} \end{matrix} \Rightarrow \quad \text{Immission} \Rightarrow \quad \text{Grenzwert}$$

2.1 Begriffsbestimmung

2.1.1 Emission

Unter der Emission versteht man in der atmophärischen Ausbreitungsmodellierung
die Freisetzung von gas- bzw. staubförmigen oder an Flüssigkeitströpfchen gebundenen Luftbeimengungen. Zur Quantifizierung der Emission wird meist

- die Emissionskonzentration, das ist die Konzentration der Luftbeimengung in
  der Abluft unmittelbar vor Austritt in die Umwelt
- der Volumenstrom des Abgases

aufgeführt. Die Emissionskonzentration kann dabei entweder als Gewichts- oder
als Volumenanteil eines Stoffes oder Gases in der Abluft angegeben werden. Sie
hat die Einheit Volumen/Volumen(z.B. ml/m^3) oder Masse/Volumen (z.B. mg/m^3).
Wird die Angabe ml/m^3 benutzt, so kürzt man dies meist mit der Bezeichnung
ppm_v ab. Ein ppm_v, das bedeutet 1 part per million und entspricht einer Volumeneinheit der Luftbeimengung auf 10^6 Volumeneinheiten Abluft, z.B.$1mg/m^3$. Diese
Einheit ist immer dann vorteilhaft, wenn man die Konzentrationen bei sich ändernden meteorologischen Bedingungen betrachtet. Angenommen die Konzentration eines Schadstoffes beträgt bei Standardbedingungen[1] z.B. $1mg/m^3$. Wird ein

---

[1] 20 °C und 1013 mbar

abgegrenztes Luftpaket mit einem Volumen von 1 m^3 in eine Höhe verfrachtet, wo der Atmosphärendruck bei sonst gleichen Bedingungen um z.B. 10% niedriger ist als am Ausgangspunkt, so nimmt das Volumen um 10% zu und damit die Konzentration entsprechend ab. In einem Kubikmeter Luft sind dann nur noch 1 mg/1,1 m^3, das sind 0,91 mg/m^3 Schadstoff enthalten. Gibt man die Konzentration jedoch in ppm$_v$ an, so bleibt sie im betrachteten Fall, d.h. gegenüber der Druck- und damit Volumenänderung invariant.

Unter dem Volumenstrom versteht man die pro Zeiteinheit freigesetzte Abluftmenge. Die Einheit ist Volumen pro Zeit (z.B. m^3/s). Das Produkt aus Volumenstrom und Emissionskonzentration bezeichnet man als Emissionsmassenstrom. Er gibt die Menge an Schadstoff an, die pro Zeit emittiert wird und hat die Einheit (mg/s oder g/h bzw. t/a, o.ä.)[2].

2.1.2 Immission

Unter der Immission versteht man die Einwirkung von Luftverunreinigungen auf Menschen, Tiere, Pflanzen oder Sachgüter. Die einwirkende Konzentration wird dabei meist allgemein als Immissionskonzentration bezeichnet. Die Immissionskonzentration bezeichnet somit die Konzentration der Luftbeimengung am Untersuchungs- bzw. Beurteilungsort und hat die Einheit Masse/Volumen (z.B. mg/m^3) oder Volumen /Volumen (z.B. ml/m^3 bzw. ppm$_v$).

2.1.3 Deposition und Sedimentation

Unter der Deposition versteht man die Ablagerung von gas- oder staubförmigen Luftinhaltsstoffen an der Grenzfläche Boden/Luft, Wasser/Luft oder auf Pflanzen. Die Deposition kann entweder durch Ausregnen (naß) oder durch den direkten Kontakt mit der Luft (trocken) geschehen. Bei massebehafteten Teilchen (Aerosolen) tritt ab einer ausreichenden Größe und Dichte durch die Gravitation eine vertikale Eigenbewegung, d.h. ein Absinken auf. Dies wird als Sedimentation bezeichnet. Die Deposition und Sedimentation hat die Einheit abgelagerte Masse pro Fläche und Zeit, z.B. g/(m$^2 \cdot$ d).

2.2   Volumen- und Massenkonzentration

Gasförmige Luftbeimengungen werden häufig als Volumenkonzentration (ppm$_v$) gemessen und auch angegeben. Um sie mit Grenz-, Richt- und Orientierungswerten zu vergleichen müssen sie in Massenkonzentrationen umgerechnet werden. Die Umrechnung erfolgt anhand der Gleichung (2.1) mit Hilfe der Dichte des Schadgases ρ:

---

[2] Im Folgenden steht die Abkürzung h für Stunde, d für Tag und a für Jahr.

$$\frac{1\,mg}{m^3} = \frac{1\,cm^3}{m^3} \cdot \rho \qquad mit \qquad \rho = \frac{Molmasse}{Molvolumen} \tag{2.1}$$

Hierbei gilt je nach Umgebungsbedingungen für die Dichte ρ:

$$\rho = \frac{Molmasse}{22.4}\left[\frac{g}{l}\right] \quad (bei\ 0^0C\ und\ 1013\,mbar)$$

$$\rho = \frac{Molmasse}{24}\left[\frac{g}{l}\right] \quad (bei\ 20^0C\ und\ 1013\,mbar)$$

Grundlage der Umrechnung ist, daß ein *Mol* eines Gases bei 20°C und 1013 mbar ein Volumen von 24 l und bei 0°C und 1013 mbar ein Volumen von 22,4 l einnimmt. Die Umrechnung einer Volumenkonzentration in ppm_v in eine Massenkonzentration soll an einem Beispiel für das Schadgas Ozon erläutert werden.

Ozon (O_3) hat ein Molekulargewicht von $(3 \cdot 16) = 48$ g/Mol. Die Molekulargewichte anderer Verbindungen sind aus den einzelnen Atomgewichten, die in jedem Periodensystem aufgeführt sind, durch Addition abzuleiten. Ein *Mol* Ozon nimmt bei 20°C und 1013 mbar ein Volumen von 24 l ein, d.h. es hat dann eine Dichte von 48 g/ 24 l, das sind 2g/l bzw. 2 mg/cm³. 1 ppm_v Ozon, das sind 1 cm³ Ozon pro m³ Luft entsprechen somit bei 20°C einer Massenkonzentration von 2 mg/m³.

2.3 Beurteilungsgrößen

Um Immissionskonzentrationen bezüglich ihrer gesundheitlichen und ökotoxikologischen Relevanz beurteilen zu können werden Grenz-, Richt- und Vorsorgewerte herangezogen. Hierbei muß man unterscheiden zwischen Schadstoffen,

- die schon nach einer kurzen Einwirkungszeit gesundheitliche, ökologische oder pflanzenphysiologische Auswirkungen hervorrufen
- deren Wirkung zeitlich akkumulieren und die daher bei einer lang andauernden Aufnahme auch in niedrigen Konzentrationen Schädigungen verursachen können.

Zu der ersten Gruppe von Schadstoffen gehören z.B. die Reizgase Schwefeldioxid (SO_2), Stickstoffdioxid (NO_2) und Ozon (O_3). Für sie liegen Kurzzeitbeurteilungswerte wie 1/2 Stunden-, 1 Stunden- oder 24 Stunden Mittelwerte vor. Auch der in der TA-Luft (1986) verwendete 98 Perzentilwert (siehe Kap.2.3.1) ist ein Beurteilungswert für Schadgase, deren kurzzeitige Konzentrationsspitzen lufthygienisch relevant sind.

Zur zweiten Gruppe von Schadstoffen gehören alle Substanzen, die selbst oder deren Wirkung zeitlich akkumulieren. Für diese Stoffe werden meist Jahresmittelwerte als Grenzkonzentrationen angegeben. Krebserregende Luftverunreinigungen wie Benzol, Dieselruß oder die Aufnahme von Schwermetallen können als Beispiele genannt werden.

Für viele Schadstoffe existieren sowohl Kurzzeit- als auch Langzeitgrenzwerte. Es kann dann davon ausgegangen werden, daß diese Stoffe sowohl langfristig bei niedrigen Konzentrationen als auch kurzfristig bei höheren Immissionskonzentrationen schädigend sind. In der TA-Luft (1986) wird der Jahresmittelwert als IW1 (Immissionswert 1), der 98-Perzentilwert als IW2 bezeichnet.

2.3.1 Mittelwerte

Zur Beurteilung der human- oder ökotoxikologischen Wirkungen von Luftverunreinigungen die oder deren Wirkungen zeitlich akkumulieren werden meist Jahresmittelwerte herangezogen. Hier sei z.B. auf die TA-Luft (1986) oder die VDI-Richtlinie 2310, Bl.1,11,12,15 zur Beurteilung der maximalen Immissionskonzentrationen zum Schutz der Menschen verwiesen. Zum Schutz der Vegetation nimmt man hingegen meist die Vegetationsperiode von 7 Monaten als Zeitmittel (VDI 2310, Bl.2,3,5,6).

2.3.2 Perzentilwerte

In der TA-Luft (1986) ist der sogenannte 98-Perzentilwert als Beurteilungswert für kurzzeitige Konzentrationsspitzen aufgeführt. Ein Perzentilwert gibt an, mit welcher Häufigkeit eine bestimmte Grenzkonzentration überschritten wird bzw. überschritten werden darf. Der 98-Perzentil-Grenzwert für NO_2 von 140 µg/m^3 besagt z.B., daß die NO_2-Immissionskonzentration nur in 2% der Jahresstunden den Wert von 140 µg/m^3 überschreiten darf, in 98% der Zeit muß sie unterhalb dieses Schwellenwertes liegen. Wie hoch die Immissionskonzentrationen innerhalb des 2% Zeitanteils sind, bleibt dabei unberücksichtigt. Die Abb.2.1 zeigt für eine ausgewählte Immissionszeitserie von z.B. 365 Tagesmittelwerten die Lage des Mittel- und 98-Perzentilwertes.

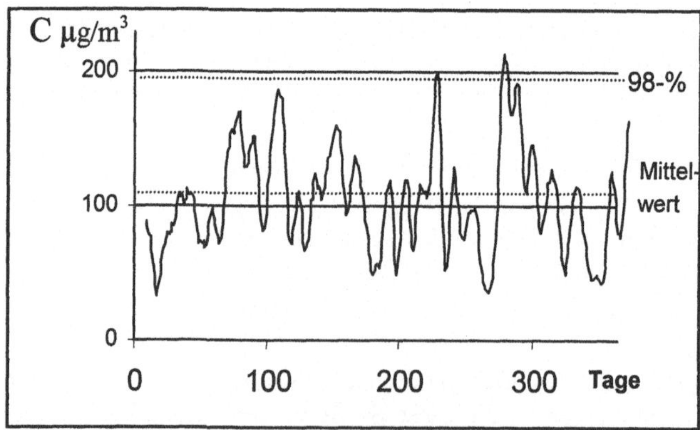

Abb.2.1. Immissionszeitreihe sowie Lage des Mittel- und 98-Perzentilwertes

Die der Abb.2.1 zugrunde liegenden Daten finden Sie im Excel-Arbeitsblatt *Perz.xlw*[3]. Die Zeitserie der 365 Tagesmittelwerte steht in der Spalte A (Tage) und B (Konzentration). Die relative Häufigkeit eines jeden Immissionswertes ergibt sich zu 1/365, das ist 0,0027 bzw. 0,27%

A	B	C	D	E
Tag	Konzentration $\mu g/m^3$	Relative Häufigkeit	Sortierte Konzentration	kumulative Häufigkeit
1	88,24	0,0027	213,5	0,0027
2	84,68	0,0027	211,1	0,0055
3	78,59	0,0027	207,3	0,0082
4	77,13	0,0027	202,7	0,011
5	67,95	0,0027	199,6	0,014
6	58,54	0,0027	196,0	0,016
7	47,37	0,0027	193,0	0,019
....	....	0,0027	....	....
365	163,93	0,0027	33,51	1

Abb.2.2. Ausdruck der ersten Zeilen des Arbeitsblattes *Perz.xlw*

Den 98-Perzentilwert der Immissionszeitreihe kann man bestimmen, indem man die Immissionswerte der Größe nach z.B. absteigend sortiert (Spalte D) und dann die auf 1 bzw. 100% normierten Häufigkeiten ausgehend von der höchsten Immission addiert (Spalte E) bis man auf 2% der Gesamthäufigkeit kommt. Der 98-Perzentilwert der in der Abb.2.1 dargestellten Zeitreihe ergibt sich zu 193 $\mu g/m^3$, der Mittelwert zu 105 $\mu g/m^3$. Der 90-Perzentilwert der betrachteten Zeitserie beträgt 160 $\mu g/m^3$.

2.3.3 Vor-, Zusatz- und Gesamtbelastung

Um die von einer geplanten Anlage freigesetzten Emissionen immissionsseitig beurteilen zu können, muß man die für einen bestimmten Schadstoff von der Anlage verursachte Zusatzbelastung zu der in der Umgebung schon bestehenden Vorbelastung addieren. Die Summe aus Vor- und Zusatzbelastung ist die Gesamtbelastung. Für Mittelwerte, wie z.B. den Jahresmittelwert IW1 ergibt sich die Gesamtbelastung durch einfache Addition der Mittelwerte der Vor- und Zusatzbelastung. Es gilt:

$$IW1_{ges} = IW1_{vor} + IW1_{Zusatz} \tag{2.2}$$

---

[3] Zur Installation und Start der Software siehe Kap.8.

Perzentilwerte dürfen jedoch nicht arithmetisch addiert werden, da hierbei auch die zeitliche Korrelation der Konzentrationsspitzen der Vor- und Zusatzbelastung einfließt. Korrekt müßte man zu jedem Zeitpunkt die Vor- und Zusatzbelastung addieren und aus der Zeitreihe der Gesamtbelastung den Perzentilwert berechnen. Dies ist in der Praxis jedoch meist nicht möglich, da in der Regel keine Immissionszeitreihen sondern nur Mittel- und Perzentilwerte der Vorbelastung vorliegen. Aus der Theorie der Überlagerung statistisch unabhängiger Größen kann man ein Additionstheorem für Perzentilwerte ableiten. Das Ergebnis ist im Anhang D der TA-Luft (1986) als Nomogramm für die Addition von 98-Perzentilwerten aufgeführt. Da die Verwendung des Nomogramms recht mühsam ist, liegt dem Buch das Programm *Perz.exe*[4] zur Addition von 98-Perzentilwerten entsprechend dem Rechenverfahren der TA-Luft (1986) bei. Hierbei ist zu beachten, daß die Vor- und Zusatzbelastung nicht identisch sein dürfen.

Rufen Sie das Programm *Perz.exe* auf und geben sie als 98-Perzentil der Vor- und Zusatzbelastung z.B. 40 mg/m^3 und 60 mg/m^3 ein. Der 98-Perzentilwert der Gesamtbelastung ergibt sich zu 76 mg/m^3. Es muß jedoch darauf hingewiesen werden, daß das Additionstheorem für Perzentile nur für statistisch unabhängige Größen angewendet werden darf. Sind die Vor- und die Zusatzbelastung wie z.B. bei der Emission eines großen Straßennetzes und einer Erweiterungsstraße zeitlich korreliert, so ist die Gesamtbelastung konservativ durch arithmetische Addition der Vor- (hier Straßennetz) und der Zusatzbelastung (hier Erweiterungsstraße) zu ermitteln.

2.4 Grenz-, Richt- und Vorsorgewerte

Zur Beurteilung der Luftqualität wurden von unterschiedlichen Stellen Grenz-, Richt- oder Zielwerte für Luftverunreinigungen erlassen bzw. vorgeschlagen. Nachfolgend sind einige der wesentlichen Beurteilungs- bzw. Regelwerke vorgestellt und erläutert.

- TA-Luft (1986): In der TA-Luft (1986) wird der Jahresmittelwert (IW1) und der 98-Perzentilwert (IW2) einer Immissionskonzentration begrenzt. Die TA-Luft-Immissionswerte sind genau genommen nur im Zusammenhang mit den in der TA-Luft (1986) ebenfalls vorgeschriebenen Verfahren der Immissionsermittlung gültig. Als amtliche Immissionswerte werden sie allerdings auch häufig auf andere Beurteilungssituationen übertragen.
- MIK-Werte: Durch die VDI-Kommission Reinhaltung der Luft wurden maximale Immissionskonzentrationen festgelegt, die darauf abzielen, eine Gesundheitsschädigung des Menschen zu vermeiden und Tiere, Pflanzen und Sachgüter vor schädlichen Einwirkungen zu schützen. Bei den MIK-Werten handelt es sich um wirkungsbezogene, wissenschaftlich begründete und aus praktischer Erfahrung abgeleitete Beurteilungsgrößen. Die MIK-Werte haben mit

---

[4] Zur Installation und Start der Software siehe Kap.8.

0,5 und 24 Stunden bzw. einem Jahr einen festen Mittelungszeitraum. Bei den Kurzzeitwerten hängt die Überschreitung der Grenzkonzentration anders als bei dem 98-Perzentilwert der TA-Luft (1986) nicht von der Gesamtheit aller Meßdaten, sondern nur von den momentan auftretenden Halbstunden- oder Tagesmittelwerten ab.

- MAK-Werte: Der MAK-Wert (maximale Arbeitsplatz-Konzentration) ist die höchstzulässige Schadstoffkonzentration in der Luft am Arbeitsplatz, die nach dem jetzigen Kenntnisstand die Gesundheit des arbeitenden Menschen auch bei wiederholter und langfristiger, in der Regel täglich 8 stündiger Exposition nicht beeinträchtigt. Die MAK-Werte werden für gesunde Personen im erwerbsfähigen Alter aufgestellt und gelten nicht für Kinder, Kranke, Schwangere und alte Menschen. Die MAK-Werte wurden von einer Kommission der Deutschen Forschungsgemeinschaft erarbeitet.

- TRK-Werte: Unter der technischen Richtkonzentration eines Stoffes versteht man diejenige Konzentration, die nach dem derzeitigen Stand der Technik am Arbeitsplatz erreicht werden kann (§15 Abs. 6 GefStoffV) und die als Anhaltswert für die zu treffenden Schutzmaßnahmen und die meßtechnische Überwachung am Arbeitsplatz heranzuziehen ist. TRK-Werte gibt es nur für die Stoffe, für die zur Zeit keine toxikologisch und arbeitsmedizinisch begründeten MAK-Werte aufgestellt werden können. Die Einhaltung der TRK-Werte soll das Risiko einer Gesundheitsbeeinträchtigung vermindern, vermag dieses jedoch nicht auszuschließen. Deswegen sind durch fortgesetzte Verbesserung der technischen Gegebenheiten Konzentrationen anzustreben, die möglichst weit unterhalb der technischen Richtkonzentration liegen.

- Luftqualitätsleitlinien der WHO: Die Luftqualitätsleitlinien der WHO (World Health Organisation) wurden aufgrund toxikologischer und ökotoxikologischer Befunde entwickelt und stellen ein weiteres unabhängiges Beurteilungssytem für Luftschadstoffe dar.

- Planungswerte für die Luftqualität: Es gibt auch planungsbezogene Wertesysteme im Sinne eines vorbeugenden Gefahrenschutzes. Sie dienen zur Konkretisierung der Belange empfindlicher Raumnutzung unter dem Vorsorgeaspekt (Kühling, 1986). Hier werden auch Stoffe behandelt, die z.B. in der TA-Luft (1986) oder den MIK-Werten nicht aufgegriffen wurden.

- LRV –Werte: Die Immissionswerte der Luftreinhalteverordnung der Schweiz sind nach den Kriterien des schweizerischen Umweltgesetzes festgelegt und dienen dem Schutz von Mensch und Umwelt. Diese Werte sind als Qualitätsanforderungen zu verstehen, deren Einhaltung anzustreben ist.

Durch den unterschiedlichen Charakter der verschiedenen Regelwerke ist es nicht verwunderlich, daß sich die darin aufgeführten Grenzkonzentrationen für einen Schadstoff zum Teil erheblich unterscheiden. Eine Zusammenstellung von aktuellen Grenz- und Beurteilungswerten unterschiedlicher Luftschadstoffe findet sich z.B. in Zartner-Nyilas et al. (1997).

3 Transport und Mischung

Der Transport und die Verdünnung von atmosphärisch freigesetzten Schadstoffen wird im Wesentlichen durch advektive und diffusive Prozesse bestimmt. Weiterhin können auch chemische oder biochemische Umwandlungen, radioaktiver Zerfall, trockene und nasse Deposition, Auswaschen und Sedimentation zu einer Veränderung der Konzentration längs des Ausbreitungsweges führen.

Unter dem advektiven Transport versteht man in der Ausbreitungsmodellierung die Bewegung einer Luftbeimengung mit der mittleren Strömung[5]. Sowohl die Strömungsrichtung, als auch die Geschwindigkeit sind dabei als Mittelwerte über ein repräsentatives Volumen und Zeitintervall zu verstehen. In einem gleichförmigen Geschwindigkeitsfeld verändert sich die Konzentration einer nur durch Advektion bewegten Schadstoffwolke nicht. Sie wird lediglich verschoben, und zwar mit der Strömungsgeschwindigkeit in die jeweilige Strömungsrichtung.

Der mittleren, advektiven Bewegung des Schadstoffes sind meist Strömungsschwankungen überlagert, die zu einer Aufweitung und damit Verdünnung der Schadstoffverteilung führen. Diese Prozesse werden als Diffusion bezeichnet. Je nach dem Turbulenzzustand der Strömung tritt nur molekulare oder molekulare und turbulente Diffusion auf. Die Unterschiede zwischen einem rein advektiven und einem sowohl advektiven als auch diffusiven Transport sind in der Abb.3.1.a und b schematisch dargestellt. Während die Schadstoffmenge und damit die Fläche unter der Kurve im a- und b-Teil der Abbildung gleich groß sind, verringert sich die Stoffmenge wenn auch Abbauprozesse auftreten (Abb.3.1.c).

Die Bewegung und Verbreiterung einer anfänglich punktförmigen Schadgaswolke kann mit dem Programm *Transp.exe* veranschaulicht werden. Starten Sie das Programm zunächst nur unter Berücksichtigung des advektiven Transports (Eingabe 0). Eine aus 500 separaten Teilchen bestehende Punktwolke, die sich am Anfang in der linken unteren Ecke des Untersuchungsgebietes befindet, wandert in einem homogenen Windfeld mit der Strömung nach rechts oben. Die dargestellten Pfeile geben die Richtung und Größe der Windgeschwindigkeit an dem jeweiligen Ort an. Im Fall des rein advektiven Transports in einem homogenen Windfeld ändert sich die Form und die Größe der Konzentrationswolke nicht.

---

[5] Es ist zu beachten, daß der Begriff Advektion in der Meteorologie auch eine andere Bedeutung hat. Dort wird unter Advektion der horizontale Transport von Temperatur, Feuchte u.a. Eigenschaften der Atmosphäre, unter der Konvektion der vertikale Transport dieser Größen verstanden.

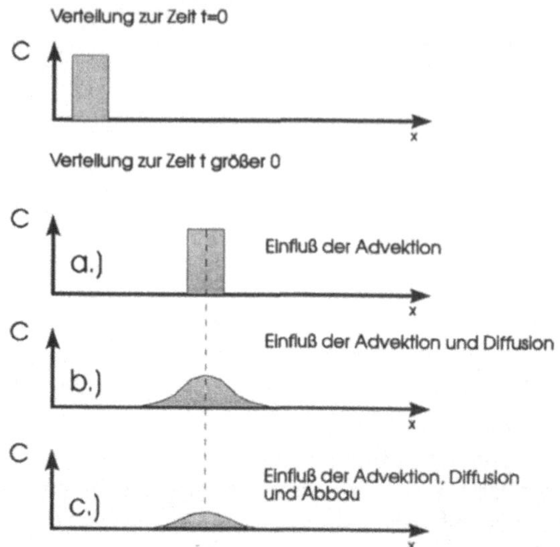

Abb.3.1. Schematische Darstellung advektiver (a) und diffusiver (b) Prozesse beim Transport eines Schadstoffes

Beenden Sie das Programm mit der F3 –Taste und starten Sie es erneut, diesmal mit Berücksichtigung der diffusiven Prozesse (Eingabe -1). Wie der Bildschirmausdruck in der Abb.3.2 verdeutlicht, wird die Wolke erneut parallel zur Windrichtung transportiert. Zusätzlich tritt aber eine diffusive Verbreiterung der Punktwolke und damit eine Verdünnung auf.

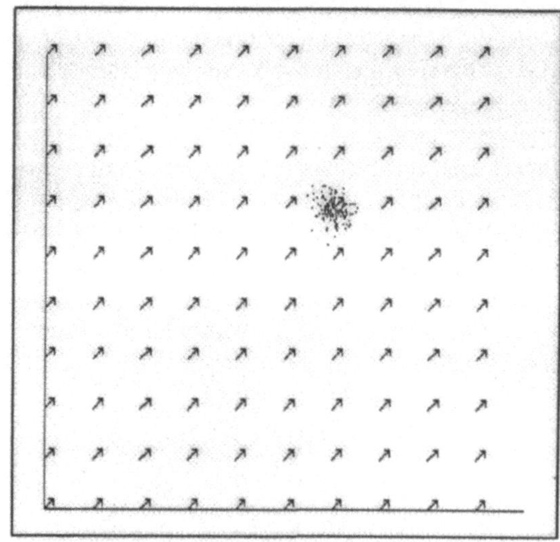

Abb.3.2. Bildschirmausdruck des Programms Transp.exe

3.1 Physikalische Grundlagen

Im Folgenden werden die physikalischen Grundlagen der Advektion, Diffusion und Turbulenz erläutert sowie die sie beschreibenden Gleichungen für den eindimensionalen Fall mit Hilfe der Kontroll-Volumenmethode anschaulich abgeleitet.

3.1.1 Advektion

Im Weiteren wird die x-, y- und z-Komponente des Geschwindigkeitsvektors $\vec{u}\,(x,y,z,t)$ mit u, v bzw. w und die Konzentration mit $C(x,y,z)$ bezeichnet. Betrachtet werden sollen 3 quadratische Volumina mit einer Seitenlänge von Δx, einer Querschnittsfläche A und einem Volumen $V = A\cdot\Delta x$ die in positiver x-Richtung durchströmt werden (Abb.3.3). Jede Box ist gut durchmischt, d.h. innerhalb des Volumens V herrscht eine konstante Konzentration. Da die Strömung nur in x-Richtung erfolgt, sich der Querschnitt der Boxen nicht ändert und die Luft als inkompressibel angenommen werden soll, herrscht überall die gleiche Geschwindigkeit u .

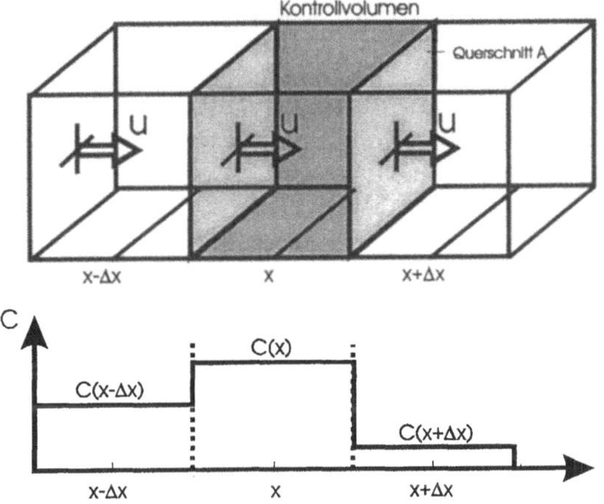

Abb.3.3. Veranschaulichung zur Ableitung der Advektionsgleichung

In die mittlere Box fließt aus dem links angrenzenden Volumen pro Zeiteinheit Δt die Stoffmenge $A\cdot u\cdot C_{(x-\Delta x)}$ ein, in die rechts angrenzende Box die Menge $A\cdot u\cdot C_{(x)}$ aus. Die Differenz zwischen dem Zu- und Abfluß ist gleich der Änderung der Schadstoffmenge $\Delta C(x)\cdot V$ pro Zeiteinheit Δt.

$$\frac{\Delta C}{\Delta t}\cdot A\cdot\Delta x = C(x-\Delta x)\cdot A\cdot u - C(x)\cdot A\cdot u$$

Mit $C(x) = C(x-\Delta x)\; +\; \Delta C/\Delta x\cdot\Delta x$ wird daraus:

$$\frac{\Delta C}{\Delta t} \cdot A \cdot \Delta x = A \cdot u \cdot \left(C(x - \Delta x) - \left(C(x - \Delta x) + \frac{\Delta C}{\Delta x} \cdot \Delta x \right) \right)$$

$$\frac{\Delta C}{\Delta t} = -u \cdot \frac{\Delta C}{\Delta x}$$

für infinitesimale Änderungen $\Delta x \to \partial x$ und $\Delta t \to \partial t$ wird dies zu:

$$\frac{\partial C}{\partial t} = -u \cdot \frac{\partial C}{\partial x} \tag{3.1}$$

bzw. im 3-dimensionalen Fall, unter Berücksichtigung eines variablen Strömungsfeldes

$$\frac{\partial C}{\partial t} = -\left[\frac{\partial}{\partial x} u \cdot C + \frac{\partial}{\partial y} v \cdot C + \frac{\partial}{\partial z} w \cdot C \right] = -\nabla(\vec{u} C) \tag{3.2}$$

Die Gl.(3.1) bzw. (3.2) wird als Advektionsgleichung bezeichnet. Sie ist eine partielle Differentialgleichung, die unter Vorgabe von dem Problem angepaßten Randbedingungen gelöst werden kann.

3.1.2 Diffusion und Turbulenz

Neben dem advektiven Transport treten in Umweltsystemen i.allg. auch Mischungsphänomene durch Diffusion auf. Die Diffusion ist ein Prozeß, der durch Unterschiede in der Verteilung einer Untersuchungsgröße und durch Bewegungsfluktuationen im Transportmedium verursacht wird. Die Mischung beruht dabei je nach dem Turbulenzzustand der Strömung entweder nur auf der Brownschen Eigenbewegung der Moleküle (molekularen Diffusion) oder auf den Geschwindigkeitsfluktuationen der Strömung (turbulente Diffusion). Mit Hilfe des Programms *Dika1.exe* kann veranschaulicht werden, wie durch eine statistisch verteilte Eigenbewegung der Moleküle oder ganzer Strömungspakete ein Mischungsprozeß erfolgt. Wenn Sie das Programm *Dika1.exe* starten, so befinden sich eine bestimmte Anzahl von Teilchen im Zentrum einer geschlossenen Box. In der Natur entspricht das Experiment etwa dem Fall, wenn Sie einen Tropfen Tinte in ein Wasserglas geben. Über den Parameter Fluktuation wird gesteuert, wie groß die Zufallsbewegungen für jedes Teilchen sind. Starten Sie das Programm zuerst mit zwei oder drei Teilchen und Flukt = 0,1. Nach dem Start können Sie beobachten, wie sich die einzelnen Teilchen durch statistisch verteilte Zufallsbewegungen in der Box bewegen. Stoppen Sie das Programm mit der F3-Taste und starten Sie es erneut, diesmal jedoch indem Sie 400 Teilchen betrachten und erneut Flukt = 0,1 wählen. Sie können beobachten, wie sich eine anfänglich punktförmige Teilchenwolke durch die Bewegungsfluktuationen der einzelnen Teilchen mit der Zeit vergrößert und die Konzentration (Anzahl der Teilchen pro Volumeneinheit) dabei ständig abnimmt (Abb.3.4).

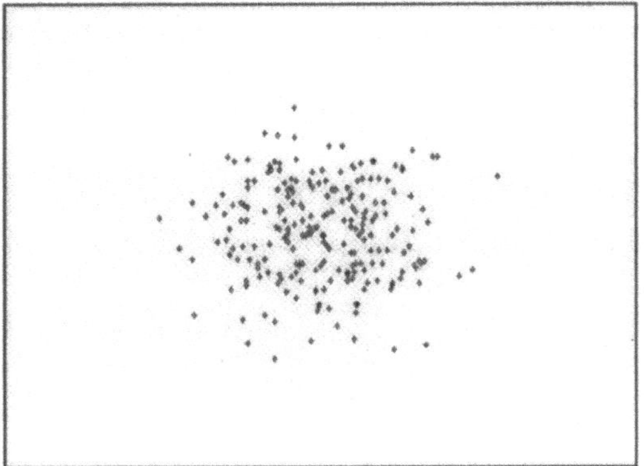

Abb.3.4. Bildschirmausdruck des Programms *Dika1.exe* nach 400 Zeitschritten

Ein Gleichgewichtszustand wird erreicht, wenn die Teilchen gleichmäßig über den gesamten Raum verteilt sind. Dann ist der Konzentrationsgradient im Inneren der Box gleich Null und die Konzentrationsverteilung ist (bei Verwendung hinreichend vieler Teilchen) zeitlich konstant.

3.1.2.1 Molekulare Diffusion

Ursache für die molekulare Diffusion ist die mikroskopische Bewegung der einzelnen Moleküle (Brown'sche Molekularbewegung). Wie im Kapitel 3.1.2.2 gezeigt wird, kann man diffusive Prozesse mathematisch mit Hilfe eines Diffusionskoeffizienten beschreiben. Der molekulare Diffusionskoeffizient D_m ist proportional zur Temperatur und umgekehrt proportional zur Wurzel des Molekulargewichtes, denn diese beiden Größen beeinflussen die Geschwindigkeit der Moleküle. Das bedeutet z.B., daß schwere Gase einen geringeren molekularen Diffusionskoeffizienten haben als leichte und so z.B. auch schlechter Wärme leiten. Beispiele für molekulare Diffusionsvorgänge sind: Transportvorgänge im Porenraum eines Sediments, Reibungsvorgänge innerhalb der laminaren Grenzschicht u.ä. Molekulare Diffusionskoeffizienten sind in der Größenordnung:

10^{-5} bis 10^{-4}	m^2/s	in Gasen
$\approx 10^{-9}$	m^2/s	in Flüssigkeiten
$\approx 10^{-14}$	m^2/s	in Festkörpern

Der molekulare Diffusionskoeffizient in Luft beträgt bei 20°C etwa $2 \cdot 10^{-5}$ m^2/s

3.1.2.2   Ableitung der Diffusionsgleichung

Nachfolgend soll die Gleichung zur Beschreibung der molekularen Diffusion anschaulich abgeleitet werden. Hierzu dient folgendes Gedankenexperiment. In einer kleinen, mit Luft gefüllten, geschlossenen Box befindet sich, durch eine undurchlässig Wand mit der Querschnittfläche A an der Stelle M getrennt, in der linken Hälfte Rauch mit einer Konzentration C_o (Abb.3.5). Die Trennwand wird zum Zeitpunkt t=0 (ohne Turbulenz zu erzeugen) herausgezogen.

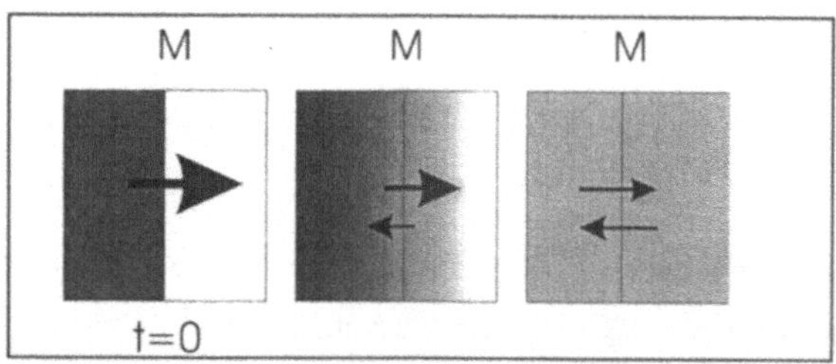

Abb.3.5. Gedankenexperiment zur Herleitung der Diffusionsgleichung

Durch die molekulare Bewegung verteilen sich die Rauchteilchen bald über das ganze Volumen. Die Menge an Rauchpartikeln, die pro Zeiteinheit durch die Querschnittfläche A an der Stelle M transportiert wird ist proportional zum horizontalen Konzentrationsgradienten bei M. Zum Zeitpunkt t=0, unmittelbar nach dem Herausziehen der Wand, ist die Rauchkonzentration links von M gleich der Anfangskonzentration Co, rechts davon ist die Konzentration gleich 0. Durch die Molekularbewegung der Rauchpartikel bewegen sich diese zum Zeitpunkt t=0 bezüglich der Fläche A am Punkt M nur von links nach rechts, nicht umgekehrt. Zu einem späteren Zeitpunkt ist die Konzentration links von M gesunken, rechts davon gestiegen. Bezogen auf die Querschnittfläche bei M bewegen sich jetzt auch einige Rauchpartikel von rechts nach links. Durch die größere Konzentration links von M herrscht jedoch weiterhin ein Nettotransport von links nach rechts, d.h. entlang des Konzentrationsgradienten. Erst wenn die Konzentrationen links und rechts der Fläche A ausgeglichen sind bewegen sich pro Zeiteinheit gleich viel Rauchpartikel von rechts nach links wie von links nach rechts. Der Konzentrationsgradient $\partial C/\partial x$ und damit auch der effektive Transport durch die Fläche A ist dann gleich 0.

Betrachtet werden soll die Flußdichte J mit der Einheit Teilchen pro Zeit und Fläche. Die Flußdichte J ist nach dem oben aufgeführten proportional zum Konzentrationsgradienten und wird durch die Gl.(3.3) beschrieben:

$$J = \frac{Anzahl\ Teilchen}{m^2 \cdot s} = -D_m \cdot \frac{\partial C}{\partial x} \tag{3.3}$$

Die Konzentration C hat die Einheit Anzahl Teilchen/m³. Die Proportionalitätskonstante D_m wird als molekulare Diffusionskoeffizient bezeichnet. An dem eindimensionalen Beispiel soll nun die durch den diffusiven Transport hervorgerufene Konzentrationsänderung pro Volumen- und Zeiteinheit abgeleitet werden. Dazu wird ein quadratisches Kontrollvolumen $A \cdot \Delta x = V$ mit der Seitenlänge Δx und der Fläche A betrachtet. Die zeitliche Änderung der Konzentration in dem Volumen ist gleich der Differenz von dem was in die Box ein- minus dem was an Schadstoff herausfließt. Dies ist in der Abb.3.6 dargestellt.

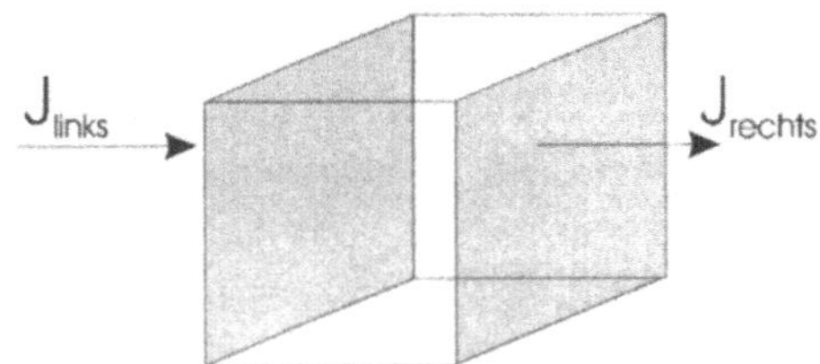

Abb.3.6. Veranschaulichung zur Ableitung der Diffusionsgleichung

Dieser Sachverhalt wird bei einer eindimensionalen Behandlung durch die Gl.(3.4) ausgedrückt

$$\frac{\partial C}{\partial t} = -\frac{\partial}{\partial x} \cdot J = \frac{\partial}{\partial x}\left(D_m \cdot \frac{\partial C}{\partial x}\right) = D_m \cdot \frac{\partial^2 C}{\partial x^2} \tag{3.4}$$

Der Übergang vom mittleren zum rechten Teil der Gl.(3.4) ist möglich, da der molekulare Diffusionskoeffizient nicht vom Ort abhängt. In diesem Fall spricht man von einem Fickschen Diffusionsprozess. In 3 Dimensionen lautet die Gl.(3.4):

$$\frac{\partial C}{\partial t} = D_m \frac{\partial^2 C}{\partial x^2} + D_m \frac{\partial^2 C}{\partial y^2} + D_m \frac{\partial^2 C}{\partial z^2} \tag{3.5}$$

Die Gl.(3.5) beschreibt die zeitliche und räumliche Änderung einer Konzentrationsverteilung durch diffusive Prozesse. Beim Vorliegen einfacher Randbedingungen kann die Gleichung (3.4) analytisch leicht gelöst werden. Als Beispiel soll der Fall betrachtet werden, daß zum Zeitpunkt t=0 eine punktförmige Freisetzung am Ort x=0 stattfindet. Die Ausbreitung findet nur in der x-Richtung statt und ist durch keine Begrenzungen eingeschränkt. Die Lösung der Gleichung (3.4) lautet unter diesen Voraussetzungen:

$$C(x,t) = \frac{Q}{\sqrt{4\pi D_m t}} \cdot \exp\left(\frac{-(x)^2}{4\,D_m \cdot t}\right) = \frac{Q}{\sigma\sqrt{2\pi}} \cdot \exp\left(\frac{-(x)^2}{2\,\sigma^2}\right) \tag{3.6}$$

$mit\ \sigma = \sqrt{2D_m \cdot t}$

Die Konzentration C(x,t) hat aufgrund der eindimensionalen Betrachtung die Einheit [g/m] und Q ist die freigesetzte Stoffmenge z.B. in [g]. Das Ergebnis (3.6) ist eine Gaußkurve, die über die beiden Parameter Q und Sigma (σ) bestimmt wird. Die Fläche unter der Kurve ist gleich der freigesetzten Menge Q. Innerhalb $\pm\,2\sigma$ befinden sich 95% der freigesetzten Stoffmenge.

Die zeitliche Entwicklung einer punktförmigen Freisetzung kann mit Hilfe des Excel-Arbeitsblattes *Gausk.xlw* bestimmt werden. In dem Arbeitsblatt wird die Gl.(3.6) in einem Bereich von x= 0 m bis 50 m gelöst. Als Emission wird die Freisetzung von 1 g zum Zeitpunkt t=0 an der Stelle x=25 angenommen. Die Parameter Zeit (s) und Diffusionskoeffizient (m²/s) befinden sich im gelb unterlegten Bereich des Arbeitsblattes. Variieren Sie die Zeit, indem Sie in die Zelle C2 nacheinander die Werte 1, 2, 10, 100 usw. einsetzen und beobachten Sie, wie sich die Konzentrationsverteilung verändert. In der Abb.3.7 ist die Konzentrationsverteilung exemplarisch für einen Diffusionskoeffizienten von 0,01 m²/s und einen Zeitpunkt von 3000 Sekunden nach der Freisetzung dargestellt.

Lösung der Diffusionsgleichung

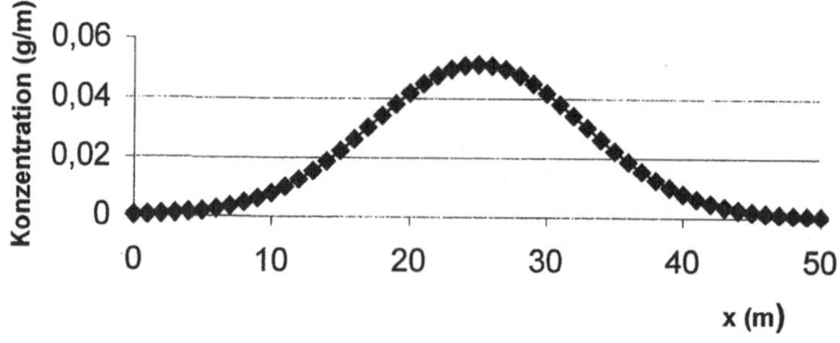

Abb.3.7. Ausdruck des Arbeitsblattes *Gausk.xlw*

Mit Hilfe des Programms *DIKA2.exe* kann anschaulich gezeigt werden, daß die diffusive Verbreiterung einer punktförmigen Freisetzung gaußförmig ist. Das Programm ist mit dem im Kapitel 3.1 vorgestellten Programm *Dika1.exe* identisch, 400 Teilchen, die sich zum Zeitpunkt t=0 im Zentrum der Box befinden, bewegen sich durch statistisch verteilte Fluktuationsbewegungen. Das Programm *Dika2.exe* berechnet zusätzlich die (gemittelte) Teilchenkonzentration in Abhängigkeit von x und trägt diese für jeden Zeitschritt am unteren Bildrand auf. Rufen Sie das Programm auf und beobachten Sie nach Eingabe des Parameters Flukt = 0,1, wie sich durch die diffusive Verbreiterung der Punktwolke eine zeitlich variable, gaußförmige Konzentrationsverteilung einstellt. Da in dem Programm *DIKA2.exe* die Bewegungen von nur 400 Teilchen berechnet wird, ergibt sich keine so glatte Kurve wie in der Abb.3.7.

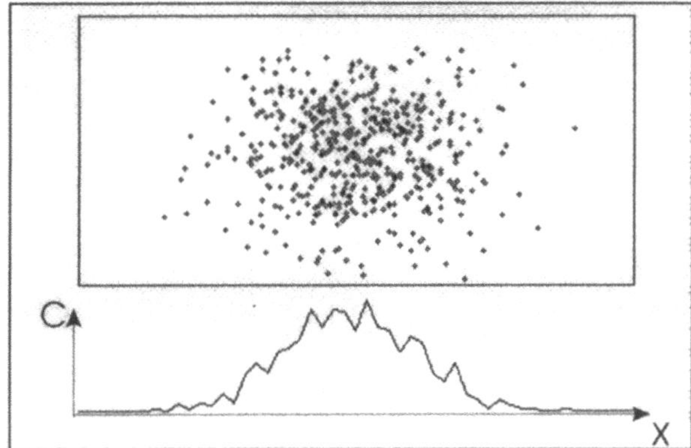

Abb.3.8. Bildschirmausdruck des Programms *Dika2.exe*

3.1.2.3 Turbulenz

In Luft beträgt die mittlere freie Weglänge der Moleküle unter Normalbedingungen nur etwa 0,05 µm. Aufgrund der geringen Fluktuationsbewegung sind die molekularen Diffusionskoeffizienten sehr klein und die molekulare Diffusion spielt bei atmosphärischen Transport- und Mischungsprozessen nur eine untergeordnete Rolle. Fast alle atmosphärischen Mischungsvorgänge werden durch turbulente Prozesse geprägt. Statt der Brownschen Molekularbewegung tritt bei der turbulenten Diffusion eine ungeordnete Bewegung ganzer Strömungspakete auf.

Unter der Turbulenz versteht man eine zeitlich und räumlich nicht stationäre, zufällig und chaotisch wirkende Strömungsform, die sich einstellt, wenn die Effekte der Massenträgheit, die durch zufällige Störungen angestoßen wurden, nicht unmittelbar durch die molekulare Reibung des Mediums gedämpft werden. Ein Maß dafür, wann eine Strömung turbulent ist, ergibt sich durch den Vergleich der Trägheitskräfte mit den viskosen Reibungskräften. Man kann zeigen (z.B. in Roedel, 1992), daß

die Trägheitskraft proportional ist zu $\qquad \rho \cdot u^2 / L$
die viskose Reibungskraft proportional ist zu $\qquad v \cdot \rho \cdot u / L^2$

ρ ist die Dichte und v die kinematische Zähigkeit des Strömungsmediums. u bezeichnet die Strömungsgeschwindigkeit und L eine für das betrachtete Problem typische Länge. Bildet man das Verhältnis der Trägheits- zu den Reibungskräften, so ergibt sich die Reynolds-Zahl $Re = u \, L / v$. Turbulenz setzt bei Reynoldszahlen in der Größenordnung von einigen 1000 ein. Mit typischen Werten für Luft, z.B. Re= 1500 , $v = 1{,}5 \; 10^{-5}$ m^2/s und u= 1m/s liegt die kritische Länge, ab der die Strömung turbulent wird, bei etwa einem mm. D.h. die Atmosphäre ist i.allg. bis auf Phänomene im Millimeter-Bereich immer turbulent.

3.1.2.4   *Beschreibung der turbulenten Diffusion*

Die Mischung, die mit der turbulenten Bewegung verbunden ist, führt zu einem Transport entgegen dem Konzentrationsgradienten der Luftbeimengung. Dieser Transport ist dem der molekularen Diffusion nicht unähnlich, weist jedoch einige wichtige Besonderheiten auf:

- turbulente Diffusionskoeffizienten sind erheblich größer als molekulare
- zur Mischungslänge trägt ein ganzes Spektrum unterschiedlicher Wirbelgrößen bei
- die turbulente Diffusion hängt von der Ausbreitungsrichtung, dem Ort, dem Turbulenzzustand der Strömung und der Meteorologie ab
- wegen des Beharrungsvermögen der turbulenten Strömung ist die turbulente Diffusion von der zeitlichen Entwicklung des Ausbreitungsproblems abhängig, was sich z.B. in zeitabhängigen Diffusionskoeffizienten äußern kann.

Die Abhängigkeit der turbulenten Diffusion von der Größe der Schadstoffwolke (und damit auch von der Zeit nach der Freisetzung) soll beispielhaft für den Fall der Ausbreitung einer freien Beimengungswolke veranschaulicht werden. Die Wolke ist zum Zeitpunkt t_1 dunkel- und zu einem späteren Zeitpunkt t_2 hellgrau unterlegt dargestellt. Hat die Schadstoffwolke nur geringe Ausmaße, so tragen nur die Wirbel zur Verdünnung bei, die kleiner als die Wolke sind. Größere Wirbel verlagern die Wolke hingegen als Ganzes. Dies ist in dem linken Teil der Abb.3.9 dargestellt. Mit zunehmender Größe der Schadgaswolke ist ein immer größeres Spektrum an Wirbeln bei der Mischung beteiligt (Abb.3.9, rechter Teil). D.h. die Verbreiterung der Luftbeimengung hängt von der Größe der Wolke in Bezug auf das Wirbelspektrum bzw. der Zeit nach der Freisetzung ab.

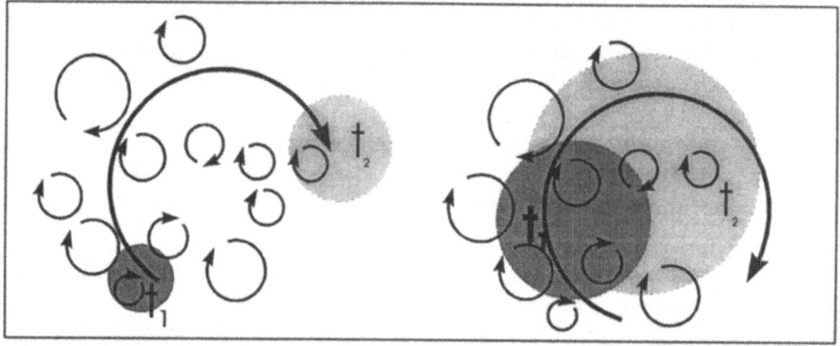

Abb.3.9. Schematische Darstellung, daß die turbulente Diffusion von der Größe der Schadstoffwolke und damit von der Zeit abhängt

Nachfolgend sollen unterschiedliche Ansätze zur Beschreibung der turbulenten Diffusion erläutert werden.

3.1.2.5 *Taylor-Theorem*

Für die rein statistisch verteilten Bewegungsfluktuationen der Brownschen Molekularbewegung ergab sich, daß die Verbreiterung σ einer punktförmigen Freisetzung proportional zu $t^{0,5}$ zunimmt (Gl.3.6). Im Gegensatz zur molekularen Diffusion sind die Bewegungen bei der turbulenten Diffusion innerhalb eines größeren Zeitintervalls miteinander korreliert. Der Grund hierfür ist die Massenträgheit der Luft, wodurch ein Luftpaket seine Geschwindigkeit für eine gewisse Zeit beibehält. Dieser Sachverhalt wird in der Lagrangeschen Autokorrelationsfunktion beschrieben. Diese gibt an, wie stark die Geschwindigkeitsfluktuationen zu zwei verschiedenen Zeitpunkten miteinander korreliert sind. Ein Maß hierfür ist die Lagrange-Korrelationszeit t_L. Man kann zeigen (siehe z.B. Roedel, 1992), daß je nach dem Verhältnis der Reisezeit eines Schadstoffpaketes zur Lagrange-Korrelationszeit für die Verbreiterung der Schadstoffwolke gilt:

$$\sigma = \sqrt{\overline{v'^2}} \cdot t_L \qquad\qquad t \ll t_L \qquad\qquad (3.7)$$

$$\sigma = \sqrt{2\,\overline{v'^2}\,t_L\,t} \qquad\qquad t > t_L \qquad\qquad (3.8)$$

Für die Ausbreitung z.B. einer Abgasfahne aus einem Kamin bedeutet „kurz" in diesem Zusammenhang bei mittleren Turbulenzverhältnissen etwa einige Sekunden bis eine Minute und „lang" etwa ¼ bis ½ Stunde. Man erkennt aus dem Vergleich der Gleichung (3.7) und (3.8) mit der Beschreibung der molekularen Diffusion (3.6), daß man bei turbulenten Diffusionsproblemen, deren Zeiten groß gegen die Lagrange Skalenzeiten sind die Ansätze und Formalismen der molekularen, d.h. Fickschen Diffusion übertragen kann. Dies gilt insbesondere bei stationären, nicht zeitabhängigen Diffusionsproblemen. Bei Fragestellungen mit kürzeren Zeitskalen müssen dagegen die speziellen Eigenschaften der turbulenten Diffusion berücksichtigt werden.

Der Sachverhalt ist in der Abb.3.10 verdeutlicht. Wird z.B. eine Rauchfahne durch Ficksche Diffusion verbreitert, so ergibt sich in einem konstanten Geschwindigkeitsfeld aufgrund von $\sigma \approx t^{0,5}$ eine liegende Parabel, wie sie im linken Teil der Abb.3.10 dargestellt ist. Wird die Fahne hingegen durch turbulente Mischungsprozesse verbreitert, so nimmt die Verbreiterung anfänglich proportional mit t zu. Das bedeutet jedoch nicht, daß die Fahne den linearen Kegel gleichmäßig ausfüllt. Die Fahne verbreitert sich und wird von größeren Wirbeln als Ganzes nach beiden Seiten verlagert. Erst im zeitlichen Mittel erfüllt die Fahne den Raum, der durch die Umrandung angedeutet ist.

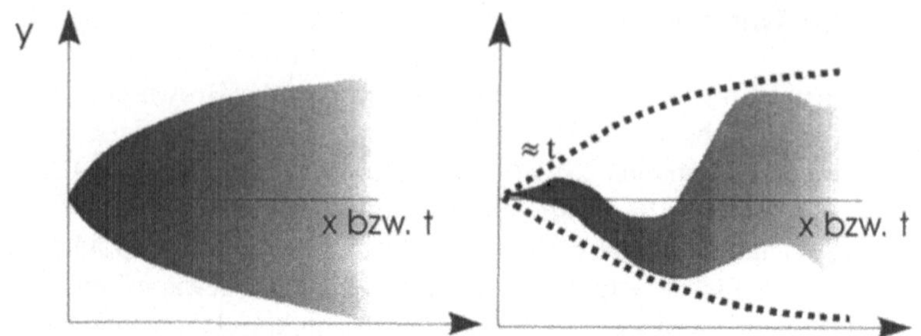

Abb.3.10. Schematische Gegenüberstellung von Fickscher und kurzzeitiger turbulenter Diffusion (nicht maßstabsgerecht). Nach Roedel (1992)

3.1.2.6 *Konzept der korrelierenden Fluktuationen*

Die turbulente Bewegung ganzer Strömungspakete bewirkt, daß Konzentrationsunterschiede ausgeglichen werden. Man kann die turbulente Mischung bzw. den turbulenten Transport einer Beobachtungsgröße mit Hilfe korrelierter Fluktuationen beschreiben. Hierzu spaltet man z.B. die vertikale Geschwindigkeit w(t) und die Konzentration C(t) entsprechend der Gl.(3.9) in deren Mittelwerte $\overline{w}$ und $\overline{C}$ und die zugehörigen Fluktuationen w′ und C′ auf. Typische Mittelungsintervalle liegen bei kleinskaligen Fragestellungen je nach der atmosphärischen Stabilität im Bereich von Minuten bis zu einer Stunde.

$$C(t) = \overline{C} + C'(t) \quad mit \quad \overline{C'(t)} = 0 \quad ; \quad w(t) = \overline{w} + w'(t) \quad mit \quad \overline{w'(t)} = 0 \tag{3.9}$$

w′ stellt den turbulenten Anteil der Strömung dar. Die Abb.3.11 verdeutlicht anhand einer Zeitserie der Konzentration und der vertikalen Windgeschwindigkeit, wie die Momentanwerte um ihre Mittelwerte schwanken.

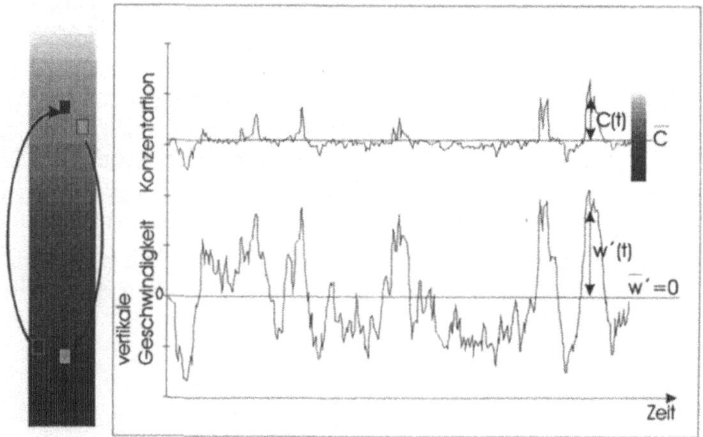

Abb.3.11. Darstellung des Konzeptes der korrelierten Fluktuationen zur Beschreibung der turbulenten Diffusion

Im Kapitel 3.1.1 wurde bei der Herleitung der Advektionsgleichung gezeigt, daß die advektive Flußdichte J (Einheit z.B. g/m^2/s) proportional zu dem Produkt $u \cdot C$ ist. Mit der Aufspaltung entsprechend der Gl.(3.9) ergibt sich der Momentanwert der Flußdichte zu:

$$J(t) = \left(\overline{C} + C'\right) \cdot \left(\overline{w} + w'\right) = \overline{w} \cdot \overline{C} + w' \cdot \overline{C} + \overline{C} \cdot w' + C' \cdot \overline{w} \tag{3.10}$$

Von Interesse ist der mittlere Fluß. Bildet man das Zeitmittel über J so folgt:

$$\overline{J} = \overline{\overline{w} \cdot \overline{C}} + \overline{w' \cdot C'} + \overline{\overline{C} \cdot w'} + \overline{C' \cdot \overline{w}} = \overline{w} \cdot \overline{C} + \overline{w' \cdot C'} \tag{3.11}$$

Die beiden letzten Terme im mittleren Teil der Gl.(3.11) verschwinden, da schon die Mittelwerte der Fluktuationen nach der Gl.(3.9) gleich 0 sind. Der erste Term auf der rechten Seite beschreibt den advektiven Transport, der zweite Term ist die mathematische Formulierung der turbulenten Diffusion durch die makroskopischen Geschwindigkeits- und Konzentrationsfluktuationen. Er ergibt sich aus dem zeitlichen Mittel des Produktes der Fluktuationen, deren Zeitmittel einzeln verschwinden. Das Produkt ist ein Maß für die Korrelation zwischen den Fluktuationen C' und w'. Wenn die Fluktuationen nicht korreliert sind, dann verschwindet das Zeitmittel über $C'w'$.

Dieser Sachverhalt ist am linken Rand der Abb.3.11 schematisch dargestellt. In dem durch den Farbverlauf angedeuteten Konzentrationsgradienten transportieren positive (bzw. negative) vertikale Geschwindigkeitsfluktuationen Luftpakete mit niedrigeren (bzw. höheren) Konzentrationen nach oben (bzw. unten). Effektiv findet durch die turbulente Mischung somit ein Stoffstrom entgegen dem Konzentrationsgradienten statt. Anstelle der Konzentration C können auch andere skalare oder vektorielle Größen untersucht werden. Betrachtet man z.B. die Korrelation der Temperatur- und der vertikalen Geschwindigkeitsfluktuationen, so ergibt sich im zeitlichen Mittel der Wärmefluß H. Das Produkt der vertikalen und horizontalen Geschwindigkeitsschwankungen beschreibt den vertikalen Impulsfluß.

3.1.2.7 *Mischungswegansatz*

Unter der Annahme, daß die Konzentrationsfluktuationen C', wie in der Abb.3.12 schematisch dargestellt, proportional zu dem Abstand d' der Wirbelelemente und dem mittleren Konzentrationsgradient $\partial C / \partial z$ sind, kann man für C' schreiben:

$$C' = d' \cdot \frac{\partial C}{\partial z}$$

Hieraus ergibt sich der turbulente Anteil der Gl.(3.11) als zeitliches Mittel über $w' \cdot d' \cdot \partial C / \partial z$. Das Konzept bezeichnet man als Mischungswegansatz.

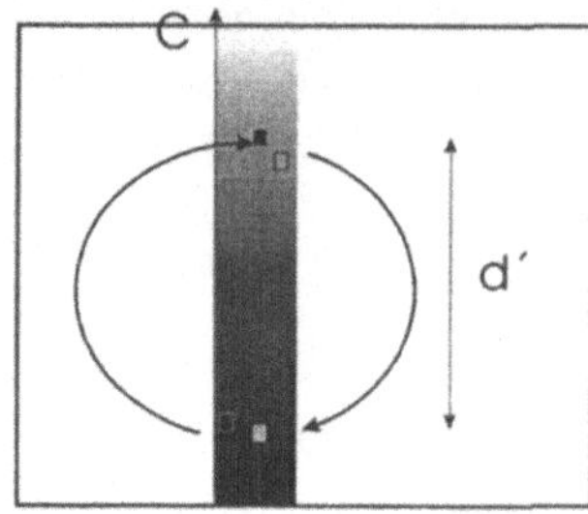

Abb.3.12. Konzept der Mischungslänge

Eine einfache Analogie zur molekularen bzw. Fickschen Diffusionsgleichung ergibt sich, wenn man davon ausgeht, daß nur eine einheitliche Wirbelgröße mit dem Durchmesser d´ und einer turbulenten Geschwindigkeit w´ auftritt. Dann folgt analog zur molekularen Diffusion:

$$\overline{J} = \overline{w' \cdot d' \cdot \frac{\partial C}{\partial z}} = -K \cdot \overline{\frac{\partial C}{\partial z}} \tag{3.12}$$

K wird als turbulenter Diffusionskoeffizient bezeichnet. Korrekt ergibt sich der turbulente Diffusionskoeffizient zu:

$$K = \overline{w' d'} = \overline{w' w'} \cdot \lambda$$

λ ist die Lagrangesche Korrelationszeit und gibt an, wie lange die vertikalen Geschwindigkeitsfluktuationen korreliert sind. Wie man aus der Gl.(3.12) erkennt, ist der turbulente Diffusionskoeffizient von der Skala, wie z.B. der Größe der maximal noch auftretenden Wirbel, abhängig. Ein Folge ist, daß der vertikale Diffusionskoeffizient in der Atmosphäre vom Boden bis in eine Höhe von etwa 100 m im Mittel von 0 bis auf ca. 10 m²/s zunimmt. Hierbei können je nach Zustand der Atmosphäre jedoch große Abweichungen auftreten (siehe Kap.4.4). Die Größenordnung von horizontalen atmosphärischen Diffusionskoeffizienten liegt im lokalen Bereich (bis einige 100 m) bei etwa 1- bis 10 m²/s.

3.1.2.8 Gleichung der turbulenten Diffusion

In Analogie zur molekularen Diffusion (3.5) ergibt sich die Gleichung zur Beschreibung der Fickschen turbulenten Diffusion zu:

$$\frac{\partial C}{\partial t} = \frac{\partial}{\partial x} \cdot \left(K_x \frac{\partial C}{\partial x} \right) + \frac{\partial}{\partial y} \cdot \left(K_y \frac{\partial C}{\partial y} \right) + \frac{\partial}{\partial z} \cdot \left(K_z \frac{\partial C}{\partial z} \right) \tag{3.13}$$

Die Indizes des Diffusionskoeffizienten K beziehen sich auch die jeweilige Richtung in welche die turbulente Diffusion erfolgt. Da der turbulente Diffusionskoeffizient K oft ortsabhängig ist, kann er in der Gl.(3.13) nicht generell vor die Ableitung gezogen werden.

3.2   Numerische Behandlung

Um Differentialgleichungen wie z.B. die Advektionsgleichung (3.2) oder die Diffusionsgleichung (3.5) bzw. (3.13) auch bei komplexen Randbedingungen zu lösen, reichen analytische Verfahren meist nicht aus. Statt dessen werden numerische Methoden herangezogen. Zu den verschiedenen Techniken gehören unter anderem (siehe z.B. Haltinger und Wiliams, 1980 oder Peyret und Taylor, 1982)

- die Finite Differenzenmethode (Verwendung einer Taylor-Reihenentwicklungen)
- das Finite Elemente Schema (zur Approximation werden Polynome herangezogen)
- spektrale Techniken (üblicherweise wird eine Fouriertransformation angewendet)

Da finite Differenzenverfahren konzeptionell einfach und auch programmtechnisch relativ leicht umzusetzen sind, werden sie für atmosphärische Transport- und Ausbreitungsmodelle sehr häufig angewendet. Ihre große Verbreitung in der Umweltmeteorologie beruht auch darauf, daß bei atmosphärischen Problemstellungen meist keine stark strukturierten orographischen Umrandungen vorliegen, die mit finiten Differenzen nur schwierig zu approximieren wären. In der Hydrologie findet man statt dessen häufig Finite Elemente Verfahren.

3.2.1 Finite Differenzen-Approximationen

Finite Differenzenverfahren sind eine vergleichsweise einfache numerische Methode zur Lösung von Differentialgleichungen. Dabei werden die räumlichen und zeitlichen Differentialquotienten in Differenzenquotienten umgewandelt. Eine kontinuierliche Funktion ist nach der Überführung nur noch an einzelnen Gitterpunkten definiert. Das Diskretisierungsgitter beruht dabei meist auf einem kartesischen oder einem dem Gelände folgendem Koordinatensystem (siehe Kap.6.1.1.1). Der räumliche Abstand der Gitterpunkte kann variabel sein, wird im Folgenden jedoch als konstant angesetzt.

Wird eine Differentialgleichung mit der finiten Differenzenmethode gelöst, so ist die betrachtete Funktion nur noch an festen Gitterpunkten (eindimensional z.B. an den Punkten x, $x-\Delta x$, $x-2\Delta x$, $x+\Delta x$, usw.) und zu bestimmten Zeiten (z.B. t, $t+\Delta t$, $t+2\Delta t$ etc.) definiert (Abb.3.13). Δx bezeichnet im Folgenden den räumlichen Abstand zwischen zwei Gitterpunkten, Δt die Zeitdifferenz zwischen zwei Zeitschritten.

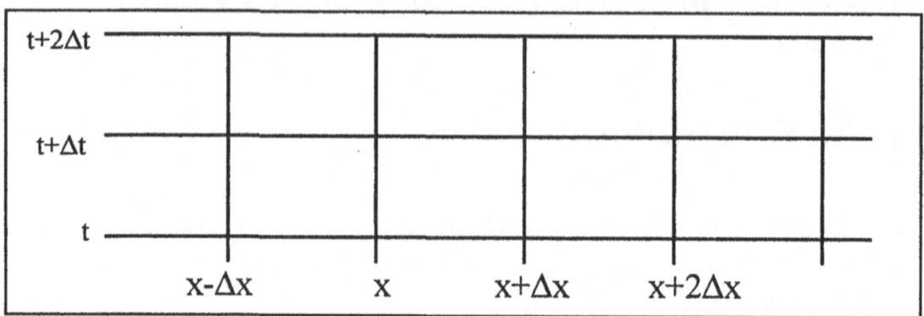

Abb.3.13. Darstellung eines Diskretisierungsrasters

Die Verfahren der finiten Differenzenapproximation beruhen darauf, daß die Differentiale durch Taylorreihen approximiert werden. Wenn eine Größe *f(x,t)* und ihre Ableitung eindeutige und stetige Funktionen der unabhängigen Variablen x und t sind, dann kann der Wert an den Stellen *(x+Δx)* und *(x-Δx)* mit einer Taylorreihe (siehe z.B. Bronstein, 1991) aus dem Funktionswert an der Stelle x folgendermaßen entwickelt werden:

$$f(x + \Delta x) = f(x) + \Delta x \frac{\partial f}{\partial x} + \frac{(\Delta x)^2}{2} \frac{\partial^2 f}{\partial x^2} + \frac{(\Delta x)^3}{6} \frac{\partial^3 f}{\partial x^3} + \dots\dots \tag{3.14}$$

$$f(x - \Delta x) = f(x) - \Delta x \frac{\partial f}{\partial x} + \frac{(\Delta x)^2}{2} \frac{\partial^2 f}{\partial x^2} - \frac{(\Delta x)^3}{6} \frac{\partial^3 f}{\partial x^3} + \dots \tag{3.15}$$

Addiert man die Gl.(3.14) und Gl.(3.15), dann folgt

$$f(x + \Delta x) - f(x - \Delta x) = 2f(x) + (\Delta x)^2 \frac{\partial^2 f}{\partial x^2} - O(\Delta x)^4 \tag{3.16}$$

Mit $O(\Delta x)^4$ werden die Produkte mit der vierten und höheren Potenz von Δx bezeichnet werden. Unter der Annahme, daß die Terme höherer Ordnung im Vergleich zu den niedrigen Potenzen von Δx zu vernachlässigen sind oder höhere Ableitungen der Funktion sehr klein sind, ergibt sich die Näherung der zweiten Ableitung aus der Gl.(3.16) zu:

$$\frac{\partial^2 f}{\partial x^2} \approx \frac{f(x + \Delta x) - 2f(x) + f(x - \Delta x)}{(\Delta x)^2} \tag{3.17}$$

Subtrahiert man die Gl.(3.14) und Gl.(3.15) und vernachlässigt die Glieder mit der dritten und höheren Potenz von Δx, so ergibt sich eine Bestimmungsgleichung für die erste Ableitung:

$$\frac{\partial f}{\partial x} \approx \frac{f(x + \Delta x) - f(x - \Delta x)}{2 \cdot (\Delta x)} \tag{3.18}$$

Die Gl. (3.17) und (3.18) bezeichnet man als zentrale Differenzenapproximation, da zur Ermittlung der Ableitung an der Stelle x Funktionswerte beidseitig von x herangezogen werden.

Die Ableitung an der Stelle x kann aber auch durch die Steigung der Funktion zwischen x und x+Δx oder zwischen x und x-Δx angenähert werden, was zu einer nicht zentrierten Differenzenformel führt.

$$\frac{\partial f}{\partial x} \approx \frac{f(x + \Delta x) - f(x)}{\Delta x} \tag{3.19}$$

$$\frac{\partial f}{\partial x} \approx \frac{f(x) - f(x - \Delta x)}{\Delta x} \tag{3.20}$$

Analog zum räumlichen kann das Verfahren auch für die Approximation des zeitlichen Differentialquotienten herangezogen werden. Die Gl.(3.19) wird dann zu:

$$\frac{\partial f}{\partial t} \approx \frac{f(t + \Delta t) - f(t)}{\Delta t} \tag{3.21}$$

Die Gl.(3.18) nennt man einen zentralen, die Gl.(3.19) bzw. (3.20) einen einseitigen Differenzenquotienten. In der angelsächsischen Literatur werden diese Verfahren als Central- bzw. Upwind- oder Upstream-Schema bezeichnet. Die Wahlmöglichkeiten beim einseitigen Differenzenquotienten zwischen der Gl.(3.19) und Gl.(3.20) wird durch den Koeffizienten des Terms $\Delta f/\Delta x$ bestimmt (zur Erläuterung siehe z.B. Patankar, 1980). Bei der Advektionsgleichung (3.1) ist dies z.B. die Geschwindigkeitskomponente u. Bei positiver Geschwindigkeit wendet man den rückwärtigen, bei negativer Geschwindigkeit den vorwärtigen Differenzenquotienten an (daher auch der Begriff upwind oder upstream scheme). Manchmal wird das Verfahren auch als BIS (backward in space) bezeichnet.

Voraussetzung zur korrekten Anwendung eines Finiten Differenzenverfahrens ist, daß die Lösung konvergiert und stabil ist. Unter der Konvergenz eines Verfahrens versteht man, daß die Lösung der Differenzengleichung für $\Delta t \rightarrow 0$ und $\Delta x \rightarrow 0$ gleich der Lösung der Differentialgleichung ist. Der Begriff der Stabilität wird im Kap.3.2.7 erläutert.

3.2.2 Diskretisierungsfehler

Durch die Approximation einer kontinuierlichen Funktion durch Finite Differenzen treten Fehler auf. So wurden in den Gl.(3.17) bis (3.21) nur die Terme der Ordnung Δx und Δx^2 bzw. Δt berücksichtigt. Den Fehler, der durch die Vernachlässigung höherer Terme der Taylorreihe auftritt, nennt man Abschneidefehler (truncation error). Betrachtet man die Glieder, die bei der Gl.(3.17) bis (3.20) nach der Subtraktion bzw. der Addition der Gl.(3.14) und (3.15) vernachlässigt wurden, so ergibt sich, daß die

- zentralen Differenzenquotienten die Differentialgleichungen mit einem Fehler 2.Ordnung (d.h. mit der 2.Potenz von Δx oder Δt) approximieren
- einseitigen Differenzenquotienten einen Fehler 1.Ordnung aufweisen.

3.2.3 Diskretisierungsgitter

In der Literatur werden unterschiedliche Arten von Diskretisierungsgittern beschrieben. Die Abstände zwischen 2 Gitterpunkten können dabei entweder konstant oder in Form variabler Maschenweiten vorgegeben werden. Der Vorteil konstanter Differenzen ist die leichtere Programmierbarkeit, als Nachteil erweist sich, daß für eine hohe Auflösung in einem begrenzten Areal das gesamte Untersuchungsgebiet fein untergliedert werden muß, was zu einem hohen Speicherbedarf und großen Rechenzeiten führt.

Bei der Vorgabe des Gitters muß auch die Lage der Variablen festgelegt werden. Bei der numerischen Lösung der Differentialgleichungen können alle Variablen an dem gleichen Ort definiert werden. Im allgemeinen ist es jedoch von Vorteil, daß die unterschiedlichen Variablen gegeneinander versetzt sind. Dies soll nachfolgend anhand der zweidimensionalen Kontinuitätsgleichung für ein inkompressibles, homogenes Medium für zwei verschiedene Anordnungen der Variablen erläutert werden. Die Kontinuitätsgleichung in der x-z-Richtung lautet:

$$\frac{\partial u}{\partial x} + \frac{\partial w}{\partial z} = 0 \tag{3.22}$$

Die Gleichung (3.22) besagt, daß für ein quell- und senkenfreies, inkompressibles Medium in ein betrachtetes Volumen genau soviel ein- wie ausfließen muß. In der Abb.3.14 sind zwei verschiedene Möglichkeiten dargestellt, die Variablen u und w der Geschwindigkeit auf einem Rechengitter anzuordnen.

Im unteren Teil der Abb.3.14 sind die Variablen u und w an derselben Stelle definiert. Zur Lösung der Kontinuitätsgleichung (3.22) werden die Variablen jedoch am Rand einer jeden Box benötigt, da berechnet werden soll, ob in das betrachtete Volumenelement $\Delta x \cdot \Delta z$ in x- und z-Richtung mehr ein- als ausfließt. Die Kontinuitätsgleichung läßt sich bei Verwendung der Koordinaten im unteren Teil der Abb.3.14 mit finiten Differenzen schreiben als:

$$w_{(x,z+0.5\cdot\Delta z)} = w_{(x,z-0.5\cdot\Delta z)} - \Delta z \, \frac{u_{(x+0.5\cdot\Delta x,z-0.5\cdot\Delta z)} - u_{(x-0.5\cdot\Delta x,z-0.5\cdot\Delta z)}}{\Delta x} \tag{3.23}$$

$$mit \quad u_{(x+0.5\cdot\Delta x,z-0.5\cdot\Delta z)} = \left(u_{(x+\Delta x,z)} + u_{(x+\Delta x,z-\Delta z)} + u_{(x,z)} + u_{(x,z-\Delta z)} \right)/4$$

$$und \quad u_{(x-0.5\cdot\Delta x,z-0.5\cdot\Delta z)} = \left(u_{(x-\Delta x,z)} + u_{(x-\Delta x,z-\Delta z)} + u_{(x,z)} + u_{(x,z-\Delta z)} \right)/4$$

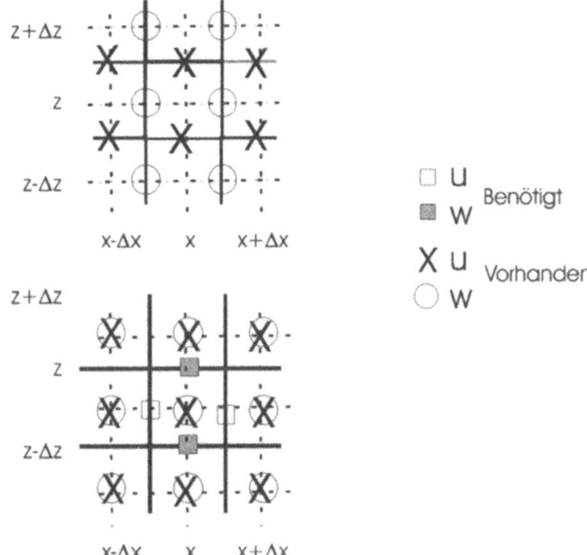

Abb.3.14. Anordnung der Variablen. Oberer Teil: staggered grid mit versetzter Position. Unterer Teil: Variablen sind am gleichen Ort definiert

Das in der Gl.(3.23) beschriebene Verfahren benötigt einen erheblichen Aufwand an Rechenzeit, da in einem ersten Schritt die Geschwindigkeiten an den Rändern des Kontrollvolumens ermittelt werden müssen. Bei Verwendung eines sogenannten staggered grid, auf dem die Variablen an getrennten Orten definiert sind (oberer Teil der Abb.3.14), ergibt sich die Kontinuitätsgleichung zu:

$$w_{(x,z)} = w_{(x,z-\Delta z)} - \Delta z \frac{u_{(x,z-\Delta z)} - u_{(x-\Delta x,z-\Delta z)}}{\Delta x} \tag{3.24}$$

Die Gl.(3.24) ist gegenüber der Gl.(3.23) programmtechnisch erheblich leichter zu lösen. Außerdem erhöht sich die Auflösung um einen Faktor 2, da keine Mittelung über die Geschwindigkeit durchgeführt werden muß.

3.2.4 FD-Approximation der Advektionsgleichung

In der Tabelle 3.1 sind einige ausgewählte Kombinationen zur Diskretisierung der räumlichen und zeitlichen Ableitung der Advektionsgleichung aufgeführt. Eine ausführliche Beschreibung der Verfahren und deren methodischen Schwierigkeiten findet sich z.B. in Pielke (1984) oder Haltinger and Williams (1980).

Tabelle 3.1. Verschiedene Diskretisierungsverfahren zur Lösung der Advektionsgleichung

Diskretisierung der Zeit	Diskretisierung des Ortes	Name des Verfahrens
Zentral	Zentral	Leapfrog
Vorwärts	Zentral	FTCS Forward in Time, Centered in Space
Vorwärts	Upstream	FUS Forward Upstream Scheme

Verfahren, die zur Berechnung einer Variablen zu einem zukünftigen Zeitpunkt f(**x**,t+Δt) entsprechend der Gl.(3.21) nur die Variablen zum Zeitpunkt t benutzen heißen explizite (forward Euler-) Verfahren. Die Berechnung von C(x,t+ Δt) kann z.B. bei der Advektionsgleichung mit Hilfe von u(x,t) und ΔC(x,t)/Δx direkt erfolgen. Der Abschneidefehler ist in der Ordnung O(Δt). Im Gegensatz hierzu benutzen implizite Verfahren auch Informationen aus dem zukünftigen Zeitschritt.

Das in der Tabelle 3.1 aufgeführte Leapfrog (engl. Bockspringen)-Schema verwendet 3 Zeitniveaus. Da es mit der Ordnung O(Δt)^2 einen kleineren Abschneidefehler als das forward Euler-Verfahren hat, findet es in atmosphärischen Simulationsmodellen häufig Anwendung. Der Wert von C(x,t+Δt) wird bei dem Leapfrog-Verfahren aus dem Konzentrationswert zum Zeitpunkt t-Δt und den Funktionswerten zum Zeitpunkt t (∂C(t)/∂x und u(t)) berechnet (siehe z.B. Haltinger und Williams, 1980).

Neben expliziten und impliziten werden auch gewichtete Verfahren angewendet, die einige numerische Vorteile besitzen. Als Beispiel sei das Crank-Nicolson-Verfahren (siehe z.B. Kinzelbach, 1992) genannt.

3.2.4.1 Umsetzung des FUS-Verfahrens

Wählt man bei der Diskretisierung der Advektionsgleichung (3.1) das explizite Forward Upstream Scheme, so folgt für eine positive Geschwindigkeit[6]:

$$C_{(x,t+\Delta t)} = C_{(x,t)} - u_{(x,t)} \cdot \frac{\Delta t}{\Delta x} \cdot \left(C_{(x,t)} - C_{(x-\Delta x,t)} \right) \tag{3.25}$$

Betrachtet wird zunächst der Fall, daß der Ausdruck u(x,t)·Δt/Δx gleich 1 ist. Die Konzentration C(x,t) soll zum Zeitpunkt t außer an der Stelle x=2 überall gleich 0 sein. An der Stelle x=2 ist C(2,t) = 1. Diese Situation ist in Abb.3.15 dargestellt.

---

[6] Im Fall einer negativen Geschwindigkeit hätte man den Differenzenquotienten (C(x+Δx) − C(x))/ Δx gewählt

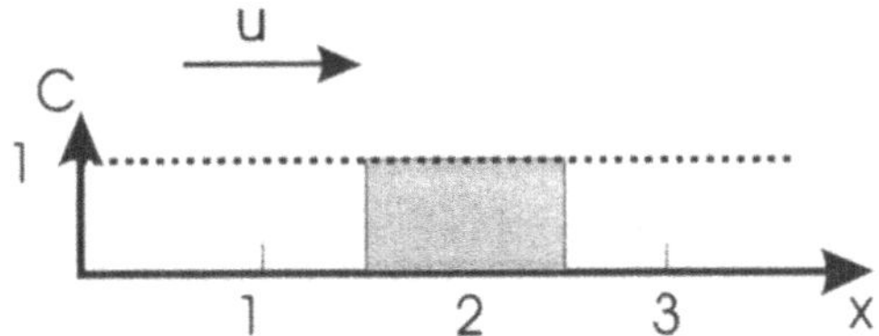

Abb.3.15. Konzentrationsverteilung zum Zeitpunkt t (siehe Text)

Mit u(x,t)·Δt / Δx = 1 wird aus der Gl.(3.25)

$$C_{(x,t+\Delta t)} = C_{(x,t)} - 1 \cdot \left(C_{(x,t)} - C_{(x-\Delta x,t)} \right) = C_{(x-\Delta x,t)} \tag{3.26}$$

Das heißt, daß die Konzentration in der Box 4, C(4,t+Δt) zum Zeitpunkt (t+Δt) gleich der Konzentration in der Box 3 C(3,t) zum Zeitpunkt t ist. Für die Box 3 gilt entsprechend, daß C(3,t+ Δt) = C(2,t). Das Konzentrationsmaximum ist durch den advektiven Transport im vorliegenden Beispiel nach einem Zeitschritt von der Stelle x=2 auf den Platz x= 3 gewandert (Abb.3.16).

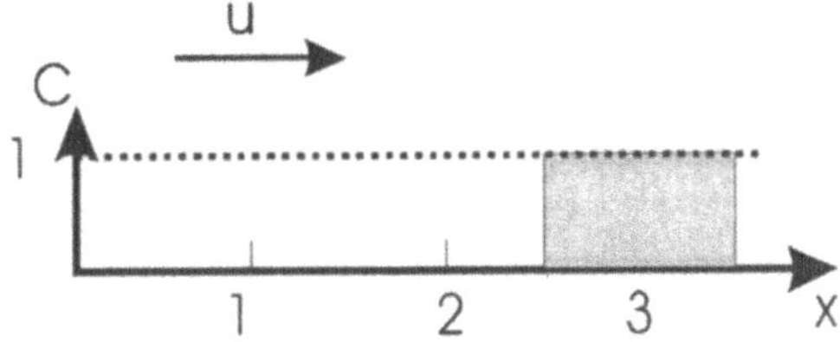

Abb.3.16. Konzentrationsverteilung zum Zeitpunkt t+1 (siehe Text)

Das Beispiel veranschaulicht die numerische Behandlung der Advektionsgleichung (3.2) mit dem expliziten Forward Upstream Scheme für ein ausgewähltes Verhältnis von u Δt/ Δx. Die Gl.(3.25) ist in dem Programm *Advekt.exe* umgesetzt. In diesem Programm ist das Konzentrationsmaximum zum Zeitpunkt t=0 über die Boxen 3, 4 und 5 verteilt.

Rufen Sie das Programm *Advekt.exe* auf. Starten Sie mit einem Ortsschritt Δx von 10 m, einem Zeitschritt Δt= 10 sec und einer Transportgeschwindigkeit u= 1 m/s. Der Faktor u(x,t) · Δt / Δx ergibt sich damit zu 1 und der Konzentrationspeak bewegt sich bei jedem Zeitschritt (einmaliges Drücken der Return –Taste) um ein Δx nach rechts (Abb.3.17). Mit der F3-Taste können Sie das Programm abbrechen.

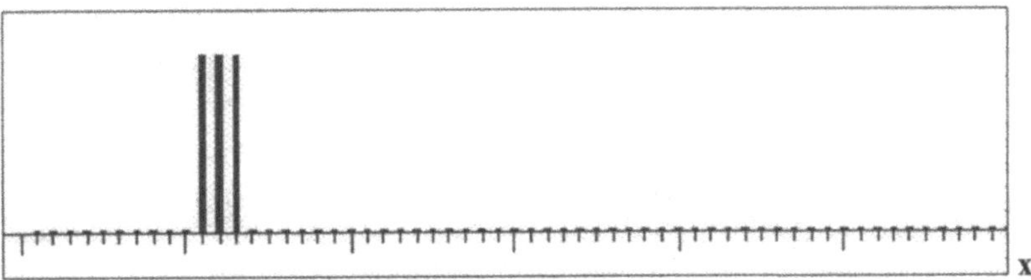

Abb.3.17. Bildschirmausdruck des Programms *Advekt.exe* nach 10 Zeitschritten.

Die Auswirkungen einer Wahl von u $\Delta t/ \Delta x$ ungleich 1 auf die Lösung der Advektionsgleichung werden in dem Kap.3.2.7 (Stabilität) und Kap.3.2.8 (numerische Diffusion) erläutert.

3.2.5 FD-Approximation der Diffusionsgleichung

Nachfolgend soll die Diffusionsgleichung (3.13) mit Hilfe des finiten Differenzenverfahrens für einen konstanten Diffusionskoeffizienten und eine Raumrichtung gelöst werden. Setzt man die Differenzenapproximation der zweiten räumlichen und der ersten zeitlichen Ableitung in die Diffusionsgleichung, so folgt:

$$\frac{C_{(x,t+\Delta t)} - C_{(x,t)}}{\Delta t} = K_x \cdot \left(\frac{C_{(x+\Delta x,t)} - 2 \cdot C_{(x,t)} + C_{(x-\Delta x,t)}}{\Delta x^2} \right) \tag{3.27}$$

In dem Programm *Diffq.exe* ist die finite Differenzenapproximation der Diffusionsgleichung (mit konstantem Diffusionskoeffizienten) umgesetzt. In der Mitte des Untersuchungsgebietes tritt zum Zeitpunkt t=0 am Ort x=25 eine punktförmige Freisetzung auf. Die Konzentration ist dort zum Zeitpunkt t=0 (Mittelwert über eine Box der Breite Δx) $C_0 = 1$ g/m^3. Die Grenzen bei x=0 und x= 50 sind undurchlässig.

Rufen Sie das Programm *Diffq.exe* auf, wählen Sie die Parameter Δx= 1 m, Δt = 1 sec, D= 0,01 m^2/s und beobachten Sie, wie sich das Konzentrationsmaximum mit der Zeit verbreitert. In der Abb.3.18 ist die Konzentrationsverteilung nach 3000 Sekunden Simulationszeit dargestellt.

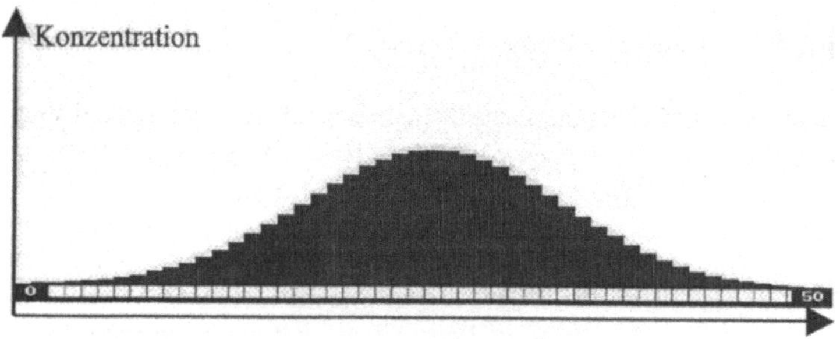

Abb.3.18. Bildschirmausdruck des Programms *Diffq.exe*

Um die Genauigkeit der numerischen Modellierung des Diffusionsprozesses für das vorliegende Beispiel zu überprüfen sind in der Abb.3.19 die mit dem Programm *Diffq.exe* erhaltenen Resultate (durchgezogene Linie) den entsprechenden Ergebnissen der analytischen Rechnung (Arbeitsblatt *Gausk.xlw*) gegenübergestellt. Wie man aus der Abbildung entnimmt, stimmen die analytisch und numerisch ermittelten Ergebnisse sehr gut überein.

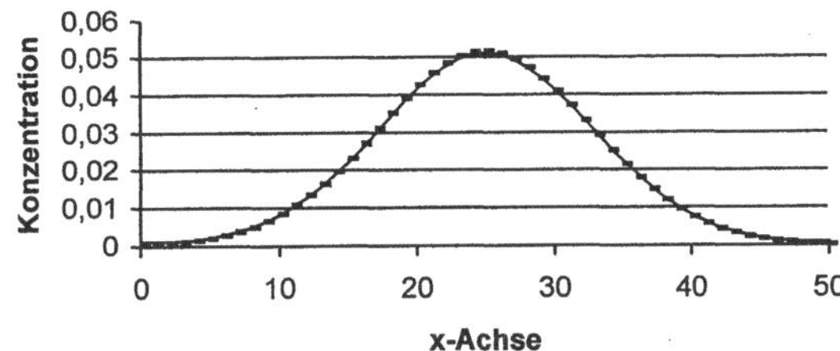

Abb.3.19. Vergleich der analytischen (durchgezogene Linie) mit den numerisch ermittelten Resultaten (Datenpunkte) für den Fall einer punktförmigen Freisetzung

3.2.6 FD-Approximation der Advektions-Diffusionsgleichung

In der Umwelt treten Advektions- und Diffusionsphänomene i.allg. immer gekoppelt auf. Beschrieben werden können sie durch die Advektions-Diffusionsgleichung (3.28), die sich aus der Kombination der Advektions- (3.2) und Diffusionsgleichung (3.4) ergibt.

$$\frac{\partial C}{\partial t} + u \cdot \frac{\partial u}{\partial x} + v \cdot \frac{\partial v}{\partial y} + w \cdot \frac{\partial w}{\partial z} =$$

$$\frac{\partial}{\partial x}(D_x \cdot \frac{\partial C}{\partial x}) + \frac{\partial}{\partial y}(D_y \cdot \frac{\partial C}{\partial y}) + \frac{\partial}{\partial z}(D_z \cdot \frac{\partial C}{\partial z}) + Q \tag{3.28}$$

Q ist ein beliebiger Produktions- oder Senkenterm (Einheit z.B. g/s) mit dem berücksichtigt werden kann, daß die Konzentration C am Ort x auch durch eine zusätzliche Freisetzung oder durch Abbauprozesse modifiziert werden kann. Im eindimensionalen Fall und mit ortsunabhängigem Diffusionskoeffizienten vereinfacht sich die Gleichung (3.28) zu

$$\frac{\partial C}{\partial t} = -u \cdot \frac{\partial C}{\partial x} + K_x \cdot \frac{\partial^2 C}{\partial x^2} + Q \tag{3.29}$$

In der Gl.(3.29) treten drei Differentialquotienten, jeweils eine 1. Zeit- und Ortsableitung und eine 2. Ableitung nach dem Ort auf. Diese Differentialquotienten müssen mit Hilfe der in Kap.3.2.1 beschriebenen finiten Differenzenverfahren approximiert werden. Das nachfolgend beschriebene Verfahren zur Lösung der Advektions-Diffusionsgleichung ist als eine Einführung in die numerische Ausbreitungsmodellierung zu verstehen. Die in den gebräuchlichen Modellen verwendeten numerischen Verfahren sind zum Teil erheblich komplexer als die in diesem Buch beschriebene Methode. Für eine Vertiefung sei auf weiterführende Literatur wie z.B. Pielke (1984) oder Kinzelbach (1992) verwiesen.
Mit Hilfe der finiten Differenzenmethoden kann die Advektions-Diffusionsgleichung (3.28) bzw. (3.29) auch für komplexe Randbedingungen numerisch

gelöst werden. Zur Diskretisierung der räumlichen und zeitlichen Ableitungen sollen nachfolgend die in der Tabelle 3.2 aufgeführten und in Kap.3.2.1 beschriebenen Verfahren benutzt werden.

Tabelle 3.2. Verfahren zur Approximation der Differentialquotienten

Zeitableitung	$\partial\, C(x,t) / \partial t$	explizit vorwärts	$(C_{x,\,t+\Delta t} - C_{x,\,t}) / \Delta t$
Advektionsterm	$u(x) \cdot \partial\, C(x,t)/\partial x$	Upstream	$u \cdot (C_{(x,t)} - C_{(x-\Delta x,t)})/ \Delta x$ für $u > 0$ $u \cdot (C_{(x+\Delta x,\,t)} - C_{(x,t)})/ \Delta x$ für $u < 0$
Diffusionsterm	$D \cdot \partial^2 C(x,t)/\partial x^2$	zentral	$K_x \cdot (\, (C_{(x+\Delta x,\,t)} - C_{(x,t)}) - (C_{(x,t)} - C_{(x-\Delta x,\,t)}) \,) / \Delta x^2$

Die Advektions-Diffusionsgleichung ergibt sich unter Verwendung dieser Differenzenquotienten für positive Geschwindigkeiten und einen konstanten Diffusionskoeffizienten in x-Richtung zu:

$$\frac{C_{(x,t+\Delta t)} - C_{(x,t)}}{\Delta t} = -u \cdot \frac{\left(C_{(x,t)} - C_{(x-\Delta x,t)}\right)}{\Delta x} + $$
$$K_x \cdot \frac{\left(C_{(x+\Delta x,t)} - 2 \cdot C_{(x,t)} + C_{(x-\Delta x,t)}\right)}{\Delta x^2} \qquad (3.30)$$

Die Gl.(3.30) ist in dem Programm *DIFMOD.exe* für den einfachen Fall eines homogenen Geschwindigkeitsfeldes und eines räumlich und zeitlich konstanten Diffusionskoeffizienten umgesetzt. Das Modell simuliert den Transport und die Verdünnung einer zum Zeitpunkt t=0 über drei Boxen verteilten Konzentrationsverteilung mit C= 1000 $\mu g/m^3$ entlang der x-Richtung. Nach dem Start wird der Diffusionskoeffizient K, der Zeitschritt Δt, der Ortsschritt Δx und die Windgeschwindigkeit u abgefragt. Geben Sie für den horizontalen turbulenten Diffusionskoeffizienten K= 5m²/s, für Δt und Δx 3 sec. bzw. 10 m und für u= 2 m/s ein. Das Programm gibt den Betrag der numerischen Diffusion (siehe Kap.3.2.8) und den Zeitschritt aus, für den die Lösung stabil ist (siehe Kap.3.2.7.3).

Nach dem Drücken der Eingabe-Taste wird die Konzentrationsverteilung fortlaufend berechnet und nach 5 Zeitschritten, d.h. nach 15 Sekunden graphisch dargestellt. Das Maximum liegt 30 m hinter dem Startpunkt, die maximale Konzentration hat von 1000 auf 675 $\mu g/m^3$ abgenommen. Nach dem wiederholten Drücken der Eingabe-Taste wird die Konzentrationsverteilung nach 14, 23, 32, 41 usw. Zeitschritten in einer jeweils anderen Farbe ausgegeben. Die zeitlich vorangegangene Konzentrationsverteilung wird hierbei überschrieben. In der Abb.3.20 sind die aufeinanderfolgenden Konzentrationsverteilungen für die im Text spezifizierten Eingangsdaten dargestellt.

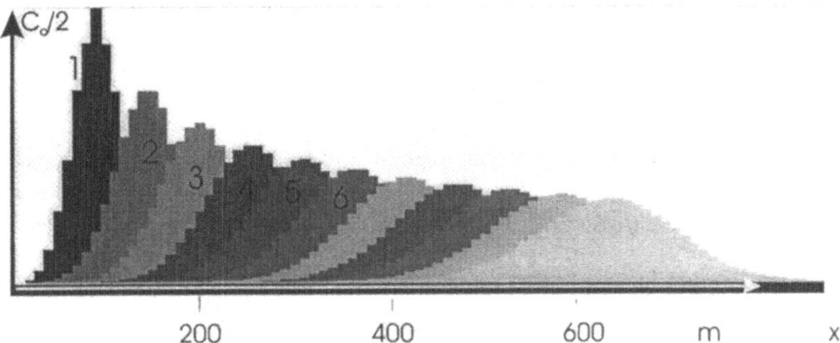

Abb.3.20. Bildschirmausdruck des Programmes *Diffmod.exe*. Dargestellt ist die Konzentrationsverteilung zu unterschiedlichen Zeiten nach der Freisetzung für die im Text beschriebenen Eingangsdaten

3.2.7 Stabilität der Finiten Differenzenverfahren

Bei der Approximation der Differentialquotienten durch finite Differenzen treten, wie in Kap.3.2.1 erläutert wurde, Diskretisierungsfehler auf. Der Grund liegt darin, daß die Differenzenschemata nur endlich viele Glieder der Taylorentwicklung berücksichtigen. Durch einige numerische Verfahren können sich kleinste Fehler so verstärken, daß es zu einer Instabilität des Verfahrens kommt.

3.2.7.1 Stabilitätsparameter der Advektionsgleichung

Die mathematische Ableitung des Stabilitätsparameters für das FTCS- und FUS–Verfahren (siehe Tabelle 3.1) zur Lösung der Advektionsgleichung ist z.B. bei Pielke (1984) ausführlich beschrieben. Dort wird hergeleitet, daß die Lösung der Advektionsgleichung mit Hilfe des FTCS-Schemas immer instabil ist, die Lösung mit Hilfe des FUS-Verfahrens hingegen stabil bleibt, wenn die in der Gl.(3.31) definierte Courant– Zahl C_z kleiner gleich 1 ist.

$$C_z = \frac{u \cdot \Delta t}{\Delta x} \tag{3.31}$$

Auf die genaue Ableitung des Courant-Kriteriums soll an dieser Stelle verzichtet werden. Statt dessen soll für das in der Abb.3.15 dargestellte Beispiel veranschaulicht werden, warum die numerische Lösung der Advektionsgleichung (3.25) bei einer Courant-Zahl größer 1 instabil wird.

Mit z.B. $\Delta t = 10$ sec, $\Delta x = 10$ m und $u = 2$ m/s wird die Courant-Zahl gleich 2. Dann folgt aus der Gl.(3.25):

$$C_{(x,t+\Delta t)} = 2 \cdot C_{(x-\Delta x,t)} - C_{(x,t)}$$

Für das in der Abb.3.15 dargestellte Beispiel bedeutet dies, daß in die Box 3 in einem Zeitschritt aus der Box 2 doppelt so viel eingebracht wird, wie in der Box 2 enthalten war. Im nächsten Zeitschritt wird die Konzentration in der Box $C_{(x+\Delta x,t+2\Delta t)}$ 4 mal größer sein als $C_{(x-\Delta x,t)}$. Die Massenerhaltung ist verletzt und da die Konzentration mit jedem Zeitschritt ansteigt, bricht das Programm ab. D.h., das Verfahren ist nicht stabil.

3.2.7.2 *Stabilitätsparameter der Diffusionsgleichung*

Auch für die Finite-Differenzenapproximation der Diffusionsgleichung (3.5) bzw. (3.13) gibt es ein Stabilitätskriterium. Es ist in allgemeiner Form (d.h. auch für implizite Verfahren) z.B. bei Pielke hergeleitet. Dort wird gezeigt, daß das finite Differenzenverfahren der Diffusionsgleichung stabil ist, wenn für jede Raumrichtung das in der Gl.(3.32) für die x-Richtung aufgeführte Kriterium gilt

$$K_x \cdot \frac{\Delta t}{\Delta x^2} \leq 0.5 \tag{3.32}$$

Die Gl.(3.32) wird als das Neumann-Kriterium bezeichnet. An dieser Stelle soll das Neumann-Kriterium anschaulich erläutert werden. Grundlage der Überlegung ist, daß sich Konzentrationsgradienten aufgrund diffusiver Prozesse nicht umkehren können. Wie in Kap.3.1.2 erläutert wurde, kann es durch die Diffusion maximal zu einem Ausgleich der Konzentrationen zweier benachbarter Boxen kommen. Betrachtet werden soll das in der Abb.3.21 dargestellte Beispiel. In den Boxen x-Δx und x herrscht zum Zeitschritt t die Konzentration C_o, überall sonst ist die Konzentration C gleich 0. Links von der Box x-Δx ist eine undurchlässige Wand, d.h. die Diffusion tritt nur nach rechts auf (Abb.3.21). Der obere Teil der Abb.3.21 verdeutlicht, wie sich die Konzentration in den beiden Boxen x und x+Δx durch die diffusiven Prozesse während eines Zeitschrittes maximal ändern kann. Zum Zeitschritt t+Δt hat sich der Konzentrationsgradient zwischen x und x+Δx ausgeglichen, es herrscht in beiden Boxen die Konzentration $0{,}5 \cdot C_o$. Würde aus der Box x mehr als $C_o/2$ in die Box x+Δx fließen, so dreht sich der Konzentrationsgradient um. Dies ist im unteren Teil der Abb.3.21 dargestellt. Eine derartige Konzentrationsverteilung kann sich jedoch durch diffusive Prozesse nicht einstellen, da die Diffusion Konzentrationsgradienten nur ab-, nicht aber aufbaut. Das heißt, die Konzentrationsabnahme ΔC durch den diffusiven Transport aus der Box x darf in dem betrachteten Beispiel innerhalb eines Zeitschrittes maximal $C_o/2$ betragen. Setzt man dies die Gl.(3.27) so ergibt sich, daß

$$-\frac{C(x)}{2 \cdot \Delta t} \geq K_x \cdot \frac{C(x+\Delta x) - 2 \cdot C(x) + C(x-\Delta x)}{\Delta x^2} = -K_x \cdot \frac{C(x)}{\Delta x^2} \tag{3.33}$$

Das Resultat ist identisch mit dem in Gl.(3.32) aufgeführten Neumann-Kriterium

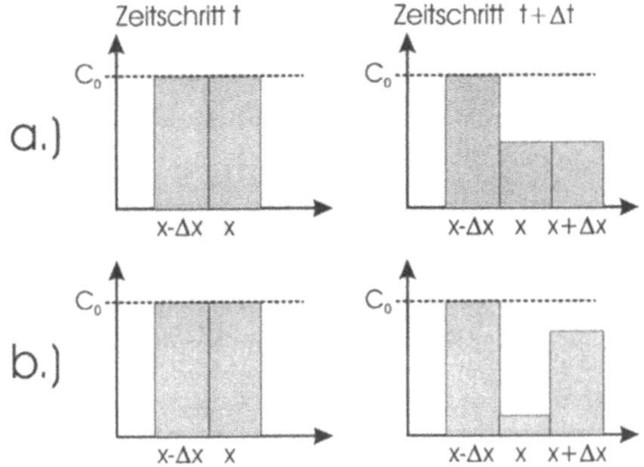

Abb.3.21. Anordnung zur Veranschaulichung des Neumann-Kriteriums

Rufen Sie das Programm *Diffq.exe* auf und berechnen Sie die diffusive Verbreiterung einer punktförmigen Freisetzung mit den nachfolgenden Parameterkombinationen:

Ortsschritt Δx	Zeitschritt Δt	Diffusionskoeffizient K	Neumann-Zahl
1 m	Δt= 1 sec	D= 0,01m²/s	0,01
1 m	Δt= 10 sec	D= 0,05009 m²/s	0,5009

Im ersten Fall ist das Neumann-Kriterium ist erfüllt, die numerische Lösung ist stabil. Im zweiten Fall ergibt sich $K \cdot \Delta t / \Delta x^2$ zu 0,5009. Das Stabilitätskriterium wird nicht mehr erfüllt, die Fehler bei der numerische Lösung verstärken sich, die Konzentrationen nehmen immer weiter zu und das Programm bricht nach einigen Zeitschritten ab.

3.2.7.3 Stabilität der Advektions-Diffusionsgleichung

Im Falle der Finiten-Differenzenform der gekoppelten Advektions-Diffusionsgleichung (3.30) gibt es ein weiteres Stabilitätskriterium, welches sich aus dem Courant- (3.31) und Neumann-Kriterium (3.32) ableitet. Als Stabilitätskriterium muß gelten, daß

$$\Delta t \leq \frac{\Delta x}{\left(2 \cdot K / \Delta x + u\right)} \tag{3.34}$$

Für einen Ortsschritt Δx=10 m, u=2 m/s und K=5 m²/s ergibt sich der maximal zulässige Zeitschritt nach der Gl.(3.34) zu 3,3 Sekunden. Starten Sie das Programm *DIFMOD.exe* und testen Sie durch Eingabe der obigen Parameter und Δt=3,4 sec die Sensitivität des Stabilitätsparameters.

3.2.8 Numerische Diffusion

In den vorangegangenen Kapiteln wurde gezeigt, wie die Advektions- bzw. die Advektions-Diffusionsgleichung mit Hilfe des Finiten Differenzenverfahrens numerisch gelöst wird und welche Bedingungen an die Eingangsparameter gestellt werden müssen, damit die Lösung stabil bleibt. Stabilität ist jedoch nicht das einzige wichtige Kriterium. Vor allem durch die numerische Diffusion können die mit dem Finiten Differenzenverfahren ermittelten Lösungen der Advektionsgleichung stark verfälscht werden. Das Phänomen der numerischen Diffusion soll nachfolgend anhand der Advektionsgleichung erläutert werden.

Mit Hilfe einer Taylorentwicklung kann man zeigen, daß die finite Differenzengleichung (3.22) nicht die Advektionsgleichung (3.4), sondern statt dessen die Gleichung

$$\frac{\partial C}{\partial t} + u \cdot \frac{\partial C}{\partial x} = \frac{1}{2} \cdot \left(u \cdot \Delta x - u^2 \cdot \Delta t \right) \cdot \frac{\partial^2 C}{\partial x^2} \tag{3.35}$$

löst (Kinzelbach, 1992). Diese Gleichung hat die Form einer Advektions-Diffusionsgleichung mit einem Pseudo-Diffusionskoeffizienten, entsprechend dem Ausdruck in der Klammer. Dieser numerische Diffusionskoeffizient hängt von den Parametern Δx, u und Δt ab und ist, wie man aus der Gl.(3.35) erkennt, für $\Delta x/\Delta t$ =u gleich 0.

Das Auftreten dieser Pseudodiffusion bei der Lösung der Advektionsgleichung kann anhand des Differenzenschemas leicht veranschaulicht werden. Mit dem FUS-Verfahren lautet die Finite-Differenzenform der Advektionsgleichung (siehe Gl.(3.1))

$$C_{(x,t+\Delta t)} = C_{(x,t)} - u \cdot \frac{\Delta t}{\Delta x} \cdot \left(C_{(x,t)} - C_{(x-\Delta x,t)} \right) \tag{3.36}$$

Angenommen die Größe $(u \cdot \Delta t/\Delta x)$ hat z.B. den Betrag ¾ und zum Zeitpunkt t herrscht nur an der Stelle x eine Konzentration C_0. An allen anderen Punkten ist die Konzentration $C=0$ (Abb.3.22). Das Courant-Kriterium ist erfüllt, die Lösung ist numerisch stabil. Setzt man für $u \cdot \Delta t/\Delta x$ den Wert ¾ in die Gl.(3.36) ein, so ergibt sich die Konzentration am Ort x und x+Δx zum Zeitpunkt t+Δt zu:

$$C_{(x,t+\Delta t)} = C_{(x,t)} - \frac{3 \cdot C_{(x,t)}}{4} + \frac{3 \cdot C_{(x-\Delta x,t)}}{4} = \frac{C_{(x,t)}}{4} + \frac{3 \cdot C_{(x-\Delta x,t)}}{4}$$

Für die Stelle x+Δx gilt entsprechend

$$C_{(x+\Delta x,t+\Delta t)} = \frac{C_{(x+\Delta x,t)}}{4} + \frac{3 \cdot C_{(x,t)}}{4}$$

Da $C_{x-\Delta x,t}$ und $C_{x+\Delta x,t}$ in dem beschriebenen Beispiel gleich 0 sind, stellt sich zum Zeitpunkt t+Δt die in dem unteren Teil der Abb.3.22 dargestellte Konzentrationsverteilung ein. Man erkennt, daß die anfänglich nur in einer Box enthaltene Konzentration bei der Wahl $u \cdot \Delta t / \Delta x < 1$ innerhalb eines Zeitschrittes auf zwei Boxen aufgeteilt wird.

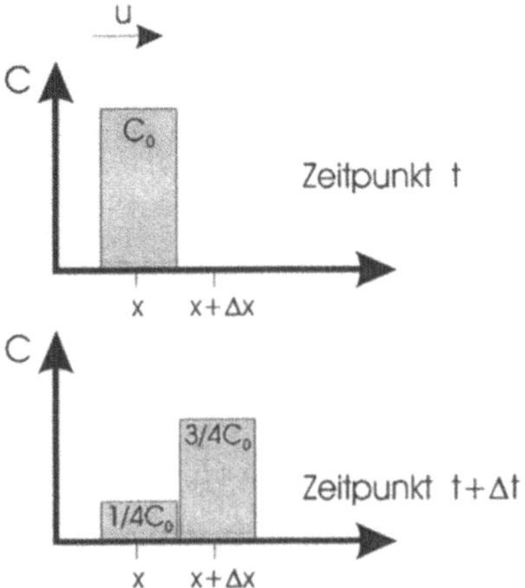

Abb.3.22. Veranschaulichung der Auswirkung der numerischen Diffusion

Anschaulich kann man die numerische Diffusion damit erklären, daß der Inhalt einer Box die nächste Gitterzelle innerhalb eines Zeitschrittes nicht erreicht und deshalb entsprechend seiner Lage auf 2 Stützstellen verteilt wird. Bei der Behandlung der Advektionsgleichung im Kap.3.2.4 trat das Problem der numerischen Diffusion nicht auf, da die Eingangsparameter so gewählt waren, daß $\Delta x / \Delta t = u$ gilt. Testen Sie die Auswirkung der numerischen Diffusion auf die Lösung der Advektionsgleichung mit dem Programm *Advekt.exe* mit den Eingangsvariablen $\Delta x = 1$ m, $\Delta t = 1$ s und $u = 0,9$ bzw. 1 m/s. Das Ergebnis ist in dem unteren Teil der Abb.3.23 dargestellt.

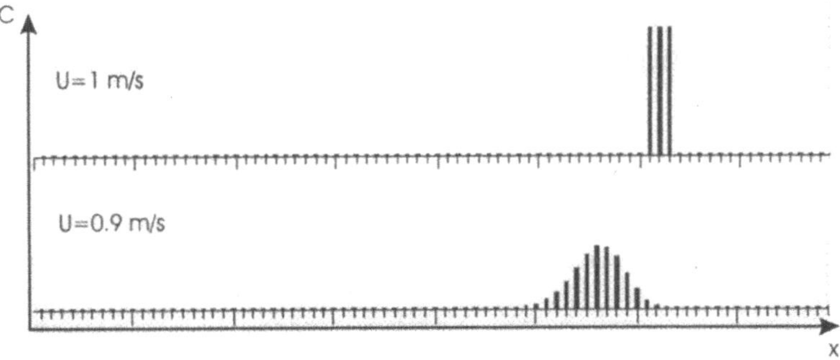

Abb.3.23. Mit dem Programm *Advekt.exe* berechnete Konzentrationsverteilung ohne (oberer Teil) und mit (unterer Teil) numerischer Diffusion

Durch die numerische Diffusion tritt eine merkliche Verbreiterung des anfänglich auf 3 Boxen verteilten Konzentrationsmaximums auf. Der numerische Diffusionskoeffizient beträgt bei den im obigen Beispiel gewählten Parametern 0,045 m^2/s.

Auch bei zwei- oder dreidimensionalen Fragestellungen tritt bei der Finiten Differenzenapproximation der Advektionsgleichung eine Pseudodiffusion auf. Stimmt die Strömung nicht mit den Hauptachsen des Diskretisierungsgitters überein, so kommt es zu einer geometrisch bedingten Verbreiterung, da ein diagonaler Transport (Abb.3.24, oben) nur über eine Aufspaltung in die x-, y- bzw. z-Richtung erfolgen kann (Abb.3.24 unten).

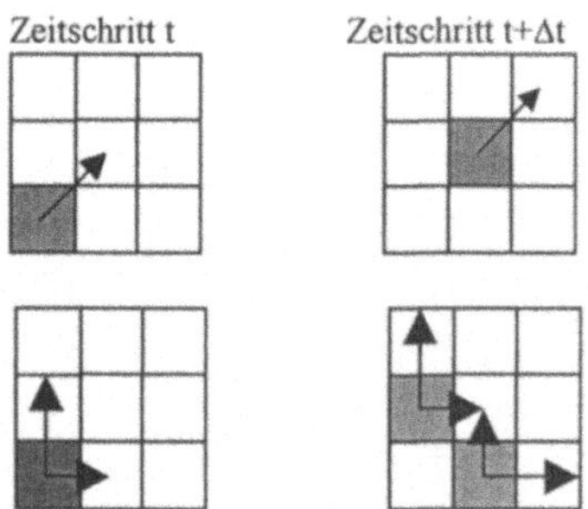

Abb.3.24. Veranschaulichung der geometrisch bedingten Pseudodiffusion

3.2.9 Möglichkeiten zur Minimierung der numerischen Diffusion

Aus der Gl.(3.35) folgt, daß sich die numerische Diffusion verkleinert, wenn Δx und Δt unter Einhaltung des Stabilitätskriteriums gegen 0 gehen. Dies ist jedoch nicht praktikabel, da hierdurch die Anzahl der Gitterpunkte und Zeitschritte gegen Unendlich wächst. Nachfolgend sollen 2 Verfahren erläutert werden, um die numerische Diffusion zu verringern.

3.2.9.1 Wahl der Diskretisierung

Durch die Wahl der Diskretisierung kann man die Gl.(3.37) und damit die numerische Diffusion bei der Lösung der Advektions-Diffusionsgleichung reduzieren.

$$\left(u \cdot \Delta x - u^2 \cdot \Delta t \right) \tag{3.37}$$

Da die Lösung gleichzeitig auch das Stabilitätskriterium erfüllen muß, sind die Möglichkeiten bei der Wahl von wenn Δx und Δt jedoch nur eingeschränkt anwendbar. Die numerische Diffusion beim Lösen der Advektionsgleichung läßt sich durch eine geeignete Wahl von Δx und Δt nutzen um die tatsächliche Diffusion zu simulieren. In Kap.3.2.8 wurde gezeigt, daß das FUS-Differenzenverfahren nicht die Advektionsgleichung sondern die Gl.(3.38) löst.

$$\frac{\partial C}{\partial t} + u \cdot \frac{\partial C}{\partial x} = \frac{1}{2} \cdot \left(u \cdot \Delta x - u^2 \cdot \Delta t \right) \cdot \frac{\partial^2 C}{\partial x^2} \tag{3.38}$$

Wenn die Größe *0,5 · (u Δx - u² · Δt)* gleich dem tatsächlichen Diffusionskoeffizienten K wird, genügt es, nur die Advektionsgleichung mit den Vorgabewerten für u, Δx und Δt zu lösen um die Advektion und die Mischung gleichzeitig zu modellieren. Bei Vorgabe von Δt und u ergibt sich der Ortsschritt Δx *zu Δx= 2·K/u + u·Δt*. Der Zeitschritt muß so gewählt werden, daß das Courant-Stabilitätskriterium erfüllt ist. Das Verfahren kann jedoch nur angewendet werden, wenn sich die Geschwindigkeit und der Diffusionskoeffizient räumlich und zeitlich nicht ändern. Da im Allgemeinen keine konstante Geschwindigkeit vorliegt, ist die Anwendung des Verfahrens auf wenige Spezialfälle beschränkt.

3.2.9.2 *Smolarkiewicz-Verfahren*

Das Verfahren von Smolarkiewicz (1982, 1986) ist eine Methode zur Reduzierung der bei der Lösung der Advektionsgleichung auftretenden numerischen Diffusion. Smolarkiewicz geht davon aus, daß die durch die numerische Diffusion auftretende Konzentrationsänderung

$$\frac{\partial C}{\partial t} = + D_{num} \cdot \frac{\partial^2 C}{\partial x^2}$$

näherungsweise in der Form einer Advektion

$$\frac{\partial C}{\partial t} = - \frac{\partial}{\partial x} (u_d \cdot C)$$

beschrieben werden kann. u_d wird dabei als "Antidiffusionsgeschwindigkeit" bezeichnet. Dieser Trick wird benutzt, da der Prozeß der Diffusion nicht umkehrbar ist und somit über die Diffusionsgleichung auch nicht rückgerechnet werden kann. Das von Smolarkiewicz vorgeschlagene Verfahren berechnet in einem ersten Schritt die Advektionsgleichung. In einem zweiten Schritt wird dann der durch die numerische Diffusion hervorgerufene Transport durch ein neuerliches Lösen der Advektionsgleichung, diesmal jedoch mit der Antidiffusionsgeschwindigkeit u_d teilweise rückgängig gemacht. Die durch den Korrekturschritt verursachte numerische Diffusion kann durch eine weitere Anwendung des Verfahrens verringert werden. Es ist einsichtig, daß sich die Genauigkeit des Verfahren, ebenso jedoch auch der Rechenaufwand mit der Zahl der Korrekturschritte erhöht. Das von Smolarkiewicz (1982) vorgeschlagene Verfahren wurde 1989 verbessert und erweitert (Smolarkiewicz and Grabowski ,1989). Die Anwendung des Smolarkiewicz –Verfahren bei der Lösung der Advektionsgleichung ist nachfolgend anhand einer Ausbreitungsmodellierung mit dem Modell MISKAM (siehe Kap.6) veranschaulicht.

Als Beispiel soll die Freisetzung aus einer bodennahen Punktquelle mit einem kontinuierlichen Emissionsmassenstrom von 1 g/s betrachtet werden. Die Strömungsrichtung ist im gesamten Untersuchungsgebiet konstant und beträgt 25°. Im oberen Teil der Abb.3.25 ist die horizontale Verteilung der Immissionskonzentration in der Höhe der Emission für den Fall einer stabilen Schichtung dargestellt. Der advektive Teil in der Transportgleichung wurde mit dem Upwind Verfahren

berechnet. Wie man aus der Abbildung erkennt, tritt eine starke Verbreiterung der
Abluftfahne auf, die hauptsächlich auf die Wirkung der numerischen Diffusion
zurückzuführen ist.

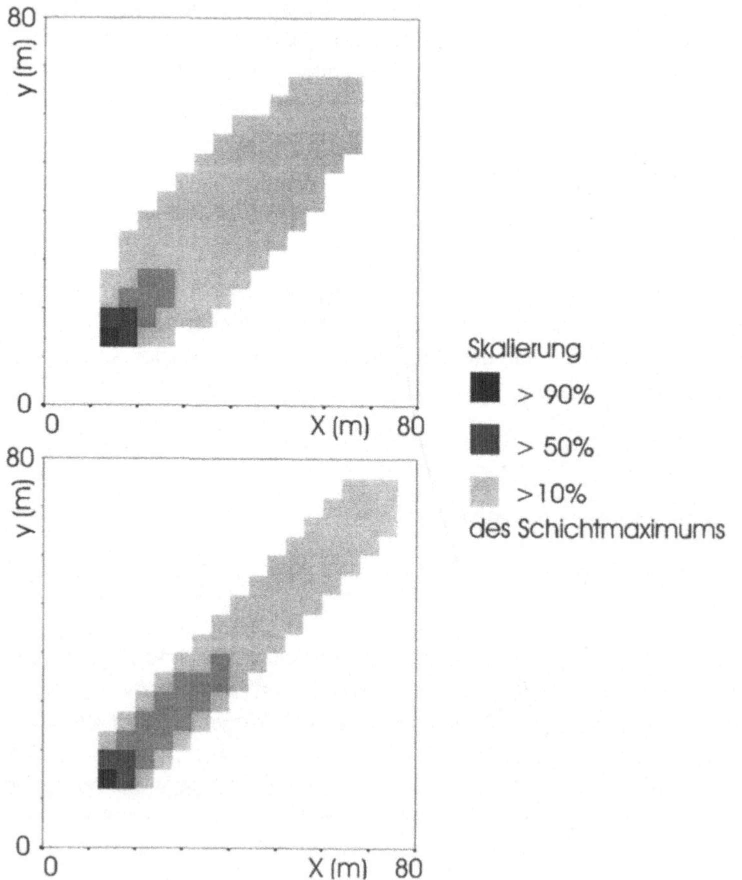

Abb.3.25. Ausbreitung eines bodennah freigesetzten Schadstoffes. Oberer teil ohne, unterer Teil
mit Korrektur der numerischen Diffusion

In einer zweiten Rechnung wurde die numerische Diffusion bei der Lösung der
Transportgleichung mit dem Smolarkiewicz–Verfahren korrigiert. Das zugehörige
Ergebnis der MISKAM-Rechnung ist in dem unteren Teil der Abb.3.25 darge-
stellt. Wie man aus dem Vergleich der beiden Ergebnisse erkennt, ist die Verbreiterung der Abluftfahne im unteren Teil der Abbildung wesentlich geringer. Das
heißt, daß die numerische Diffusion durch die Anwendung des Smolarkiewicz–
Verfahrens reduziert wurde. In ähnlicher Weise versucht auch das TVD–
Verfahren (Harten, 1986) die Auswirkung der numerischen Diffusion rückgängig
zu machen. Aufbauend auf das von Harten (1986) beschriebene eindimensionale
Verfahren wurde von Flassak (1989) eine dreidimensionale Version im Detail beschrieben.

Es gibt noch einen gänzlich anderen Ansatz zur Simulation der Ausbreitung von Luftbeimengungen. Wegen der zunehmenden Anwendung von Teilchensimulationsmodellen wird dieser Typ von Ausbreitungsmodell im Kapitel 3.3 vorgestellt.

3.3   Teilchensimulationsmodelle

Dieser Typ von Ausbreitungsmodell wird oft auch als „Lagrange- oder Monte-Carlo-Teilchensimulationsmodell" bezeichnet. Das Vorgehen von Teilchensimulations-Ausbreitungsmodellen beruht auf dem Prinzip, daß die zu untersuchende Schadgaswolke durch ein großes Ensemble von gedachten Teilchen beschrieben wird. Die Simulationsteilchen werden dabei als so klein angenommen, daß sie allen Strömungsbewegungen (mittlere Strömung und turbulente Fluktuationen) exakt folgen. Die Anzahl der freigesetzten Teilchen ist proportional zur Emission. Verwendet man eine große Zahl von Teilchen, so kann man aus der räumlichen Verteilung der Teilchendichte zum Zeitpunkt t auf die Schadstoffkonzentration C(r,t) rückschließen[7]. Die Position eines Simulationsteilchens ergibt sich zum Zeitpunkt t+Δt aus der Position des Teilchens und seiner Geschwindigkeit $u_{(r,t)}$ zum Zeitpunkt t nach

$$\vec{r}_{(t+\Delta t)} = \vec{r}_{(t)} + \vec{u}_{(r,t)} \cdot \Delta t \tag{3.39}$$

$\vec{r}$ bezeichnet hierbei den Ortsvektor (x,y,z) eines einzelnen betrachteten Teilchens. Der Zeitschritt Δt ist dabei so klein zu wählen, daß sich die Geschwindigkeit auf dem zurückgelegten Weg nicht oder nur geringfügig ändert. Die momentane Geschwindigkeit $\vec{u}_{(r,t)}$ setzt sich dabei zusammen aus einem mittleren Anteil $\overline{u}_{(r,t)}$, der den advektiven Beitrag der mittlere Strömung repräsentiert und einem Fluktuationsterm $\vec{u}'_{(r,t)}$, der die turbulenten Strömungsfluktuationen am Ort $\vec{r}$ zur Zeit t berücksichtigt (siehe auch Kap.3.1.2.6). Es gilt:

$$\vec{u}_{(r,t)} = \overline{\overline{u}}_{(r,t)} + \vec{u}'_{(r,t)} \tag{3.40}$$

Hierdurch ergibt sich die Möglichkeit, das Ausbreitungsverhalten der einzelnen Simulationsteilchen mit Hilfe des mittleren Strömungsfeldes und der statistisch verteilten Windfluktuationen zu modellieren.

Teilchensimulationsmodelle berücksichtigen, daß sich die turbulente Geschwindigkeitskomponente $\vec{u}'$ aufgrund der Massenträgheit der bewegten Luft nicht beliebig schnell ändern kann. Das bedeutet, daß das betrachtete Luftelement bzw. Teilchen seine Geschwindigkeit für eine bestimmte Zeit beibehält. Als Maß dieses „Erinnerungsvermögen" der Luftelemente dient die sogenannte Lagrange-Korrelationszeit T_L. T_L liegt bei turbulenten atmosphärischen Diffusionsvorgängen im Bereich von Minuten, wohingegen bei molekularen Vorgängen Korrelations-

---

[7] Typischerweise werden in Lagrange-Ausbreitungsmodellen die Bewegungen von bis zu mehreren 10000 Teilchen im Computer verfolgt

zeiten im Bereich von Nanosekunden auftreten. Um die Korrelation der Geschwindigkeitsfluktuationen eines Teilchens zu 2 verschiedenen Zeitpunkten zu beschreiben, führt man einen sogenannten Lagrange-Autokorrelationskoeffizienten R_L ein. Für die turbulente Komponente der Strömungsgeschwindigkeit in x-Richtung u′ gilt[8]:

$$R_{Lu}(\Delta t) = \frac{<u'(t) \cdot u'(t+\Delta t)>}{<u'(t)^2>} \qquad (3.41)$$

Die spitzen Klammern besagen, daß eine Mittelung über ein statistisches Ensemble von Teilchen durchgeführt wird. Die Autokorrelation wird für $\Delta t=0$ gleich 1 und für $\Delta t \to \infty$ gleich 0.

Zu den Fluktuationen, die mit den Geschwindigkeitsschwankungen eines früheren Zeitpunktes korreliert sind kommt nun noch eine weitere, von der Vorgeschichte unabhängige, zufällige Bewegungskomponente hinzu. Lagrange-Ausbreitungsmodelle gehen davon aus, daß sich die Bewegung eines Simulationsteilchens mit einem sogenannten „Markov-Prozeß" simulieren läßt. Das bedeutet, daß der fluktuierende Anteil $u'_{(r,t)}$ aufzuteilen ist in

- eine mit den Geschwindigkeitsfluktuationen zum Zeitpunkt $t-\Delta t$ korrelierte Komponente (Erinnerungsvermögen) $u'_{(t-\Delta t)} \cdot R_{Lu(\Delta t)}$
- eine unabhängige Zufallskomponente u''

Die Fluktuation der Geschwindigkeitskomponente in x-Richtung u′(t) läßt sich somit schreiben als:

$$u'_{(t)} = u'_{(t-\Delta t)} \cdot R_{Lu(\Delta t)} + u'' \qquad (3.42)$$

Entsprechendes gilt für die v- und w-Komponenten der Geschwindigkeit. Für die Zufallskomponente u'' setzt man an:

$$u'' = \beta \cdot \sigma_u \cdot \lambda_u$$

mit

$$\beta = \sqrt{\left(1 - R_{Lu}(\Delta t)^2\right)}$$

Die Größe λ steht für normal verteilte Zufallszahlen, deren Mittelwert bei 0 liegt und die eine Streuung von 1 haben. Der Faktor β gewährleistet den Erhalt der Turbulenzenergie. Die Größe σ_u stellt die Standardabweichung der Geschwindigkeitsfluktuationen in x-Richtung dar.

Die Advektion und turbulente Diffusion wird mit Hilfe dieses Ansatzes wie folgt modelliert. Man berechnet die Geschwindigkeit der Simulationsteilchen aus dem mittleren und turbulenten Anteil, wobei sich der turbulente Anteil $\vec{u'}$ entspre-

---

[8] die entsprechende Beziehung gilt für die v- und w-Komponente der Geschwindigkeit

chend der Gl.(3.42) ergibt. Der Zeitschritt Δt ist dabei so klein zu wählen, daß der Korrelationsterm $\vec{u}'_{(t-\Delta t)} \cdot R_{Lu\ (\Delta t)}$ nicht gegenüber der Zufallskomponente $\vec{u}''$ verschwindet. Das wird erreicht, indem Δt viel kleiner als die Lagrange Korrelationszeit ist. Δt darf jedoch auch nicht zu klein werden, da die turbulente Geschwindigkeit $\vec{u}'(t)$ nur von $u'(t-\Delta t)$ und nicht von den Fluktuationen früherer Zeitpunkte abhängen darf.

Die Schadgaskonzentration läßt sich ermitteln, indem man abzählt, wieviel Teilchen sich in einem endlichen Volumenelement befinden. In der Abb.3.26 ist als Beispiel für die prinzipielle Funktionsweise eines Teilchensimulationsmodells der Bildschirmausdruck des Programms *Laghügel.exe* dargestellt. In dem Programm wird die Ausbreitung einer Kaminemission in gegliedertem Gelände simuliert. Der treppenförmige Verlauf der Orographie stammt aus der Diskretisierung bei der Berechnung des Strömungsfeldes. Das zweidimensionale Windfeld (u und w-Komponente) wurde mit einem diagnostischen Windfeldmodell (siehe Kap.6.1.1) berechnet. Die Windvektoren sind mit Hilfe von blauen Linien dargestellt. Der Kamin emittiert kontinuierlich wobei sich maximal 3000 Simulationsteilchen im Windfeld bewegen.

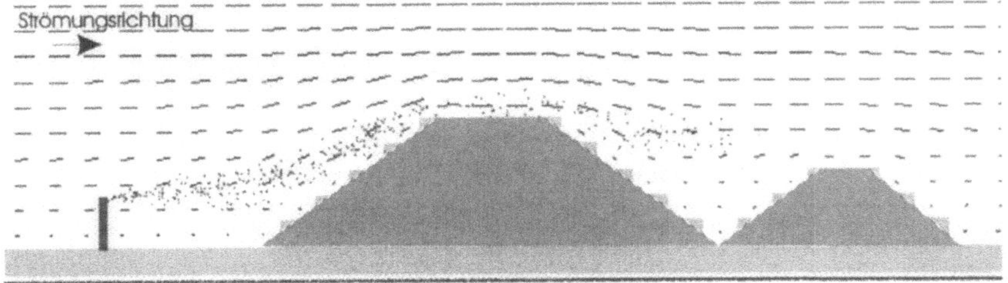

Abb.3.26. Bildschirmausdruck eines Teilchensimulationmodells

Deutlich erkennt man in der Abb.3.26 den Einfluß des Windfeldes auf die Ausbreitung der Schadstofffahne. Im Bereich der Hügelspitze werden aus Kontinuitätsgründen besonders hohe Windgeschwindigkeiten beobachtet. Dieser Effekt wird in der Strömungsdynamik als „speed-up" bezeichnet. Hierdurch wird die Schadgasfahne in x-Richtung auseinandergezogen. Nach dem Hügel tritt eine Abwärtsbewegung auf, die Geschwindigkeiten nehmen ab und durch die Diffusion tritt eine Aufweitung der Fahne auf.

4 Meteorologische Einflußgrößen

Atmosphärische Ausbreitungsvorgänge werden im Wesentlichen durch advektive und diffusive Prozesse bestimmt. Chemische Umwandlungen, Deposition, Sedimentation, radioaktiver Zerfall und ähnliches können die Immissionskonzentration längs des Ausbreitungspfades zusätzlich verändern, diese Mechanismen sind dem Transport jedoch nur überlagert.

Um eine Immissionsprognose durchzuführen muß neben den Kenngrößen der Emission (freigesetzte Menge, Austrittsbedingung) vor allem das Strömungs- und Turbulenzfeld bekannt sein. Diese Eingangsdaten zu ermitteln bzw. in Abhängigkeit von einfach zu bestimmenden Größen zu parametrisieren gehört mit zu den Aufgaben der Umweltmeteorologie. Ein Anwender von atmosphärischen Ausbreitungsprogrammen muß daher mit den Grundzügen der Umwelt- bzw. Mikrometeorologie vertraut sein.

In diesem Kapitel werden die wesentlichsten meteorologischen Aspekte und Parameter behandelt, die für die Ausbreitung von Luftschadstoffen in der planetaren Grenzschicht (siehe Kap.4.1.3) relevant sind. Das vorliegende Buch kann hierbei jedoch keine Einführung in die Meteorologie bzw. Umweltmeteorologie ersetzen. Ziel ist es, dem Leser so viel an praxisrelevanten Grundlagen zu vermitteln, daß er die Bedeutung der wesentlichen meteorologischer Eingangsgrößen versteht und deren Auswirkungen auf die atmosphärische Ausbreitungsmodellierung einzuschätzen vermag.

4.1 Windrichtung

Die Windrichtung bezeichnet die Richtung, aus welcher der Wind weht und unterscheidet sich so z.B. von der Definition der Strömungsrichtung in der Hydrologie, die angibt wohin das Medium fließt. Als Lee wird die dem Wind abgewandte, als Luv die dem Wind zugewandte Seite bezeichnet. Die Angabe der Windrichtung erfolgt in Grad. Der Winkel wird dabei im Uhrzeigersinn, beginnend von Nord ($0°$ oder $360°$) über Ost ($90°$), Süd ($180°$) und West ($270°$) gezählt. Eine Windrichtung von z.B. 110 Grad bedeutet, der Wind weht aus einer Richtung von $110°$, das entspricht gemäß der Abb.4.1 einer Richtung aus Ostsüdost.

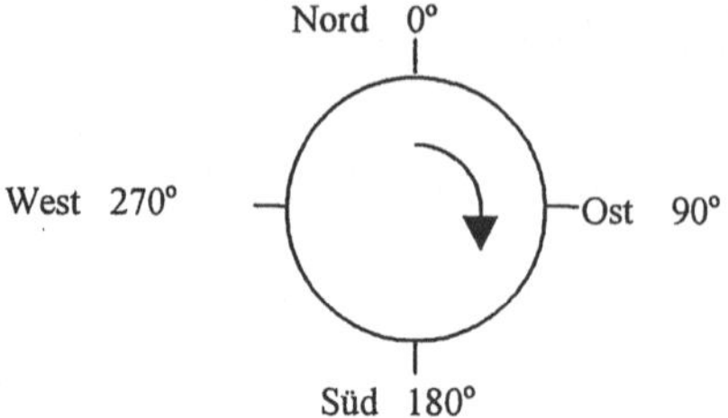

Abb.4.1. Definition der Windrichtung

Um die mittleren Windrichtungsverhältnisse an einem Ort zu beschreiben, werden diese als Häufigkeitsverteilungen in der Form von Windrosen dargestellt. Hierbei gibt man die prozentuale Häufigkeit an, wie oft eine bestimmte Windrichtung im Untersuchungszeitraum aufgetreten ist. Die Windrichtungen werden dabei in Klassen zusammengefaßt. Gebräuchlich sind 8-, 12-, und 36-teilige Windrosen. Bei der 12-teiligen Skalierung beträgt die Klassenbreite 30°, bei der 8-teiligen 45°, bei der 36-teiligen 10°. Bei der 36-teiligen Windrichtungsverteilung zählen die Klassen von 1 bis 36 entsprechend 10° bis 360°. Die Abb.4.2 zeigt als Beispiel eine 36-teilige Windrichtungsverteilung aus dem Rheintal. Deutlich erkennt man die topographisch bedingte Kanalisierung der Winde in südwestlicher und nordöstlicher Richtung.

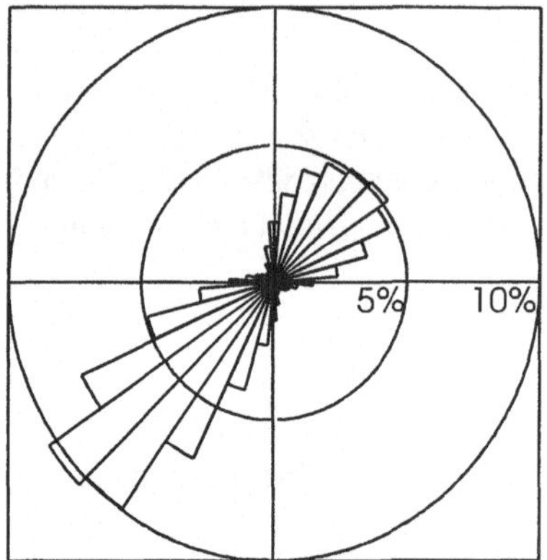

Abb.4.2. Beispiel einer 36-teiligen Windrichtungsverteilung. Der innere bzw. äußere Kreis entspricht einer Häufigkeit von 5% bzw. 10% der Jahresstunden

Die Richtung der jeweiligen Klasse gibt deren mittlere Windrichtung an. Z.B. werden bei einer 36-teiligen Windrose in die Klasse 1 alle Winde einsortiert, die aus dem Bereich von 6° bis 15° wehen. Windrichtungsverteilungen, die zu einer Immissionsprognose des Jahresmittel- (IW1) oder eines Perzentilwertes (IW2) herangezogen werden, sollten einen Zeitraum von mindestens einem Jahr umfassen, da ansonsten jahreszeitliche Schwankungen dominieren. Bei kürzeren Meßreihen muß anhand der Daten einer vergleichbaren, benachbarten Station sorgfältig geprüft werden, ob die Windrichtungsverteilung innerhalb des Meßzeitraums vom langjährigen Mittel abweicht.

4.1.1 Regionale Variabilität der Windrichtung

Mitteleuropa liegt im Bereich der sogenannten „Zone vorherrschender Westwinde". Hierunter versteht man einen Bereich von etwa 30° bis 60° nördlicher und südlicher Breite, innerhalb dem westliche Winde vermehrt auftreten. Die Westwinddrift bewirkt, daß eine Vielzahl der in Mitteleuropa beobachteten Windrosen durch nordwestliche bis südwestliche Windrichtungen geprägt werden. Dies wird durch die Abb.4.3 verdeutlicht.

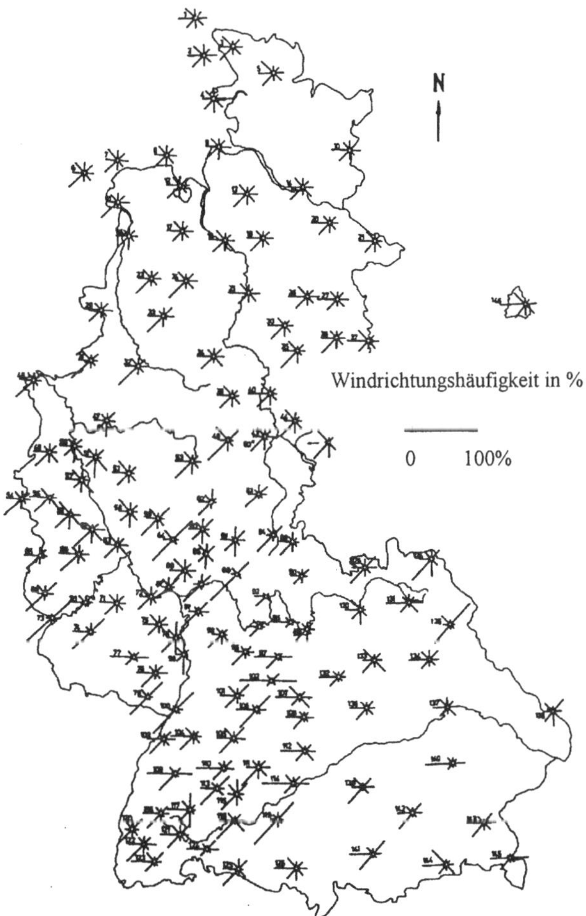

Abb.4.3. Jahresmittelwerte der Windrichtungsverteilung für 146 Stationen in den alten Ländern der BRD (Brenk, 1978)

Die Abb.4.3 zeigt jedoch auch, daß es große regionale Unterschiede gibt und mancherorts auch benachbarte meteorologische Stationen deutlich voneinander abwei-
chende Windrichtungsverteilungen aufweisen. Ursache hierfür sind meist lokale
Windsysteme oder topographisch bedingte Kanalisierungen der großräumigen
Strömung. Um die Variation der Windrichtung auch benachbarter Stationen zu
verdeutlichen sind in der Abb.4.4 die Windrosen von sieben meteorologischen
Stationen in der näheren Umgebung von Karlsruhe dargestellt.

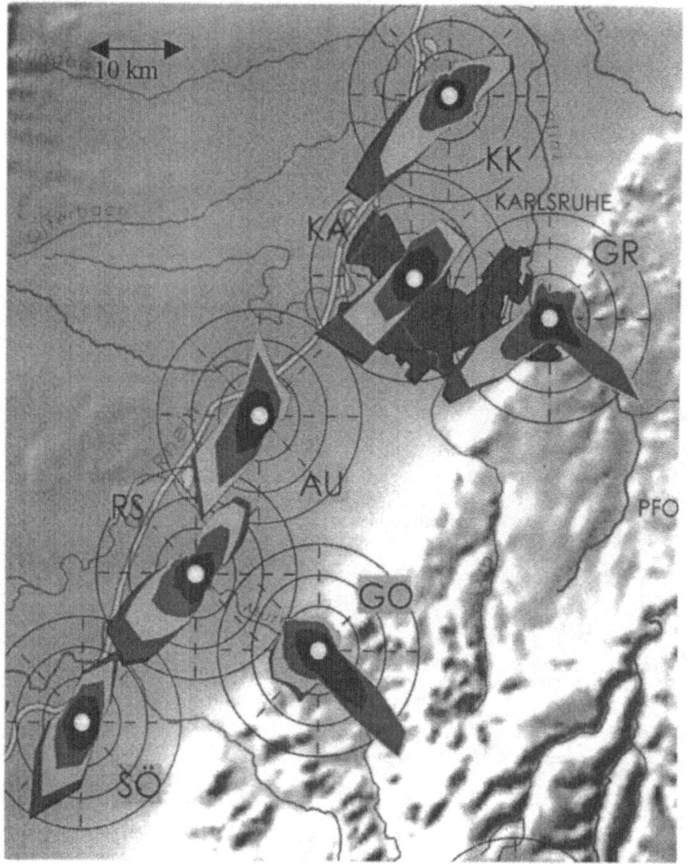

Abb.4.4. Windrosen von 7 benachbarten Stationen bei Karlsruhe (Reklip, 1995)

Fünf der sieben abgebildeten Windrosen liegen im Rheintal (Stationskennung SÖ,
RS, AU, KA und KK). Die zugehörigen Windrichtungsverteilungen sind recht
ähnlich und werden von südwestlichen und nordöstlichen Winden geprägt. Die
zwei Stationen mit der Kennung GO und GR befinden sich nur wenige Kilometer
entfernt am östlichen Talrand und werden durch lokale Windsysteme und Kanalisierungseffekte der angrenzenden Seitentäler beeinflußt. Wie man der Abb.4.4
entnimmt, treten hier vermehrt Winde aus südöstlichen Richtungen auf.

4.1.2 Möglichkeit zur Übertragung benachbarter Windrosen

Nur selten kann man bei einer Ausbreitungsmodellierung auf eine unmittelbar am Untersuchungsort gemessene Windstatistik zurückgreifen. Bevor meteorologische Messungen eingeleitet werden, versucht man daher, in einem ersten Schritt die Daten einer benachbarten meteorologischen Meßstation zu verwenden. Die in der Abb.4.4 dargestellte Variabilität der Windrichtungsverteilungen verdeutlicht, daß bei der Auswahl einer für einen Standort typischen Windrichtungsverteilung eine genaue Analyse der lokalklimatischen und topographischen Verhältnisse erforderlich ist. Wird bei der Bestimmung des Jahresmittel- (IW1) oder Perzentilwertes (IW2) eine nicht repräsentative Windrichtungsverteilung verwendet, so kann dies zu sehr großen Fehlern bei den prognostizierten Immissionen führen. Ergibt die Analyse, daß die Daten der nächsten meteorologischen Station nicht übertragen werden können, so sind am Untersuchungsstandort Windmessungen über den Zeitraum von mindestens 1 Jahr, besser 2 Jahren durchzuführen.

In den letzten Jahren findet des öfteren auch ein anderes Verfahren Anwendung. Hierbei wird die gemessene Windrose einer benachbarten Station mit Hilfe eines diagnostischen Strömungsmodells (Kap.6.1.1) übertragen. Man erhält eine synthetische Windrose, die der Ausbreitungsmodellierung zugrunde gelegt werden kann. Das Verfahren ist jedoch nur für orographisch schwach bis mäßig gegliedertes Gelände geeignet. Da diagnostische Windfeldmodelle keine thermischen Effekte berücksichtigen, darf das Verfahren auch beim Vorliegen lokaler thermisch induzierter Windsysteme nicht angewendet werden.

4.1.3 Höhenabhängigkeit der Windrichtung

Lokale und kleinräumige atmosphärische Ausbreitungsprozesse sind im Wesentlichen auf eine etwa 500 - 1000 m mächtige Luftschicht, die planetare Grenzschicht begrenzt. In der Literatur findet man häufig die Abkürzung PBL, die von der englischen Bezeichnung Planetary Boundary Layer abgeleitet ist. Bezüglich der Windrichtung wird die planetare Grenzschicht in die Prandtl- und die Ekman-Schicht unterteilt, deren Obergrenzen in der Abb.4.5 aufgeführt sind.

Freie Atmosphäre		Obergrenze
Planetare	Ekman-Schicht	500 – 1000 m
Grenzschicht	Prandtl-Schicht	50 – 100 m
Laminare Grenzschicht		einige mm

Abb.4.5. Unterteilung der planetaren Grenzschicht

Die Prandtl-Schicht wird durch eine starke vertikale Zunahme der Windgeschwindigkeit geprägt, wobei der durch die erzeugte Turbulenz hervorgerufene Impuls- und Wärmefluß nahezu höhenkonstant bleibt (Constant Flux Layer). Der Einfluß der Bodenreibung ist in dieser Schicht so stark, daß trotz der Zunahme der Windgeschwindigkeit mit der Höhe die damit ebenfalls anwachsende Corioliskraft[9] (siehe Kap.6.1.2.1) noch keine Richtungsänderung des Windes bewirkt. Das heißt, in der Prandtl-Schicht ist die Windrichtung höhenkonstant.

In der Ekman-Schicht nimmt die Corioliskraft aufgrund des zurückgehenden Einflusses der Bodenreibung und der mit der Höhe zunehmenden Windgeschwindigkeit zu. In der Nordhemisphäre wird dadurch eine Rechtsdrehung der Windrichtung beobachtet (Abb.4.6). Die Änderung des Windvektors mit der Höhe wird als Ekman-Spirale bezeichnet. Am Oberrand des PBL erreicht die Windrichtung die des geostrophischen[10] Windes.

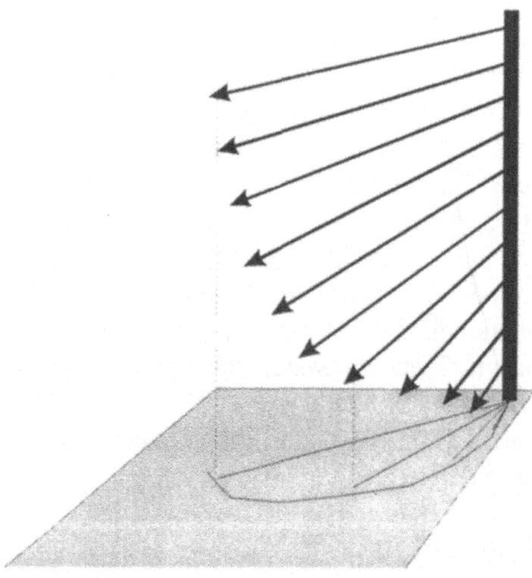

Abb.4.6. Schematische Darstellung der Ekman-Drehung in der planetarischen Grenzschicht der Nordhalbkugel

Die Ekman–Drehung ist von der aerodynamischen Rauhigkeit des Untergrundes (Kap.4.2.1), der atmosphärischen Schichtung (Kap.4.4) und der geographischen Breite abhängig. Für 45° und mittlere Rauhigkeitsverhältnisse beträgt die Drehung zwischen Boden- und Höhenwind etwa 30° (Möller, 1973). Eine deutliche Richtungsänderung findet dabei jedoch erst ab einem Abstand von ca. 100 m oberhalb der Prandtl-Schicht statt (Abb.4.7). Aus diesem Grund wird die Ekman-Drehung der Windrichtung in vielen kleinskaligen Ausbreitungsmodellen vernachlässigt.

---

[9] Die Corioliskraft wird durch die Erddrehung hervorgerufen und führt auf der nördlichen Hemisphäre zu einer Rechtsdrehung des Windes.

[10] Der geostrophische Wind wird durch das Gleichgewicht von Druck- und Corioliskraft bestimmt. D.h. die Bodenreibung spielt keine Rolle mehr. Der geostrophische Wind wird an der Obergrenze des PBL erreicht.

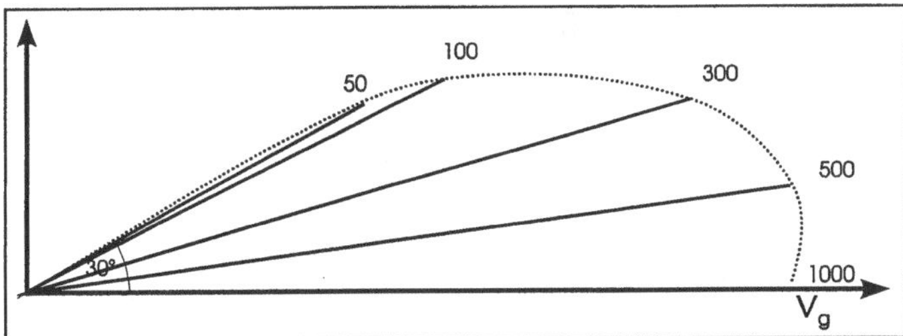

Abb.4.7. Ekman-Spirale. Die Verbindungslinie gibt die Abweichung der Windrichtung vom geostrophischen Wind v_g für die Höhe von 50, 100, 300, und 500 m oberhalb der Prandtl-Schicht wieder. Die maximale Abweichung beträgt im obigen Beispiel 30°. Nach Möller (1973).

4.2 Windgeschwindigkeit

Die Windgeschwindigkeit wird meist mit Schalenkreuzanemometern gemessen. Aufgrund der relativ hohen Anlaufschwelle eignen sich viele dieser Geräte jedoch nicht zur Erfassung von Schwachwinden kleiner etwa 0,5 m/s. Sollen auch niedrige Strömungsgeschwindigkeiten gemessen werden, so setzt man Hitzdraht- oder Ultraschallanemometer ein. Die Windgeschwindigkeit wird meist in m/s, km/h oder in Knoten (Seemeilen pro Stunde) angegeben. Vereinzelt findet man auch eine Angabe in Beaufort. Die Beaufort-Skala zur Unterteilung der Windgeschwindigkeit orientiert sich an Beobachtungen in der Natur und reicht von 0 (Windstille) bis 12 (Orkan) bzw. 16. Bei den Windstärken 13 bis 16 handelt es sich um eine spätere Erweiterung, um auch noch innerhalb der Orkan-Windstärke differenzieren zu können. Man kann der Windstärke in Beaufort (B) eine Geschwindigkeit in m/s zuordnen, die etwa der Formel $u = 0{,}87\,B^{1{,}44}$ entspricht (Möller, 1973). Für die Umrechnung der meßtechnisch erfaßten Geschwindigkeiten gilt:

$$
\begin{aligned}
1\ \text{m/s} \ \ &= 1{,}943\ \text{Knoten} = 3{,}6\ \text{km/h} \\
1\ \text{km/h} \ \ &= 0{,}54\ \ \text{Knoten} = 0{,}278\ \text{m/s} \\
1\ \text{Knoten} &= 1{,}852\ \ \text{km/h} \ \ = 0{,}515\ \text{m/s}
\end{aligned}
$$

Die Windgeschwindigkeit nimmt i.allg. mit der Höhe zu (siehe Kap.4.2.1). Bei der Angabe einer Geschwindigkeit muß daher mitgeteilt werden, in welcher Höhe sie gemessen wurde. Oft wird eine Meßhöhe von 10 m über der mittleren Geländehöhe gewählt. Da die Windgeschwindigkeit in der PBL durch die atmosphärische Turbulenz (Kap.4.3) starken Schwankungen unterworfen ist, wird i.allg. das Mittel über einige Minuten angegeben.

Wichtige Kenngrößen der Windgeschwindigkeit sind der Jahresmittelwert sowie die Häufigkeit, in wieviel Prozent der Jahresstunden bestimmte Geschwindigkeiten überschritten werden. In der BRD beträgt der Jahresmittelwert der Windgeschwindigkeit im Küstenbereich der Nordsee in 10 m Höhe etwa 6 m/s, für flaches Binnenland ist in Deutschland ein Wert von ca. 4 m/s repräsentativ. In Tälern oder Senken kann die mittlere Windgeschwindigkeit aber auch nur 2 m/s oder weniger

betragen. Einen Überblick über die regionale Verteilung der mittleren Windgeschwindigkeit in der BRD gibt die Abb.4.8.

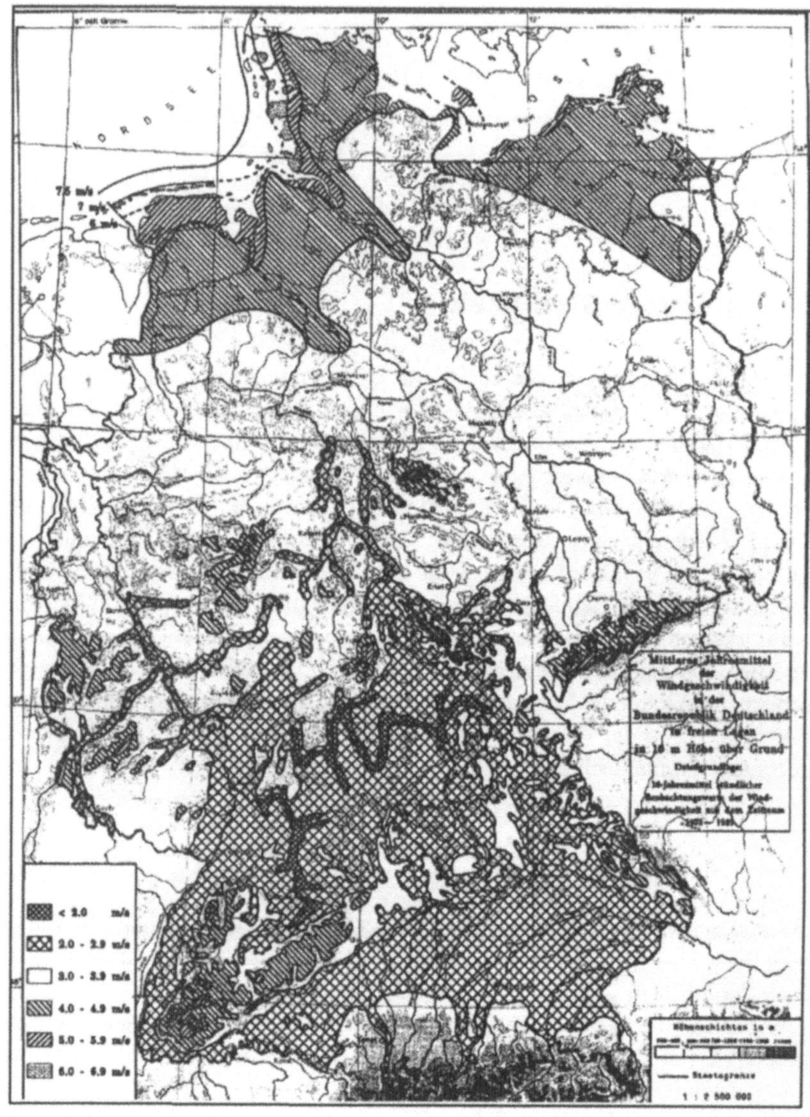

Abb.4.8. Mittlere Windgeschwindigkeiten in der BRD (Quelle DWD)

4.2.1 Höhenabhängigkeit der Windgeschwindigkeit

Für die atmosphärische Ausbreitungsmodellierung muß die Höhenabhängigkeit der Windgeschwindigkeit, das sogenannte vertikale Windprofil innerhalb der planetaren Grenzschicht bekannt sein. In praxisbezogenen Anwendungen wird das Windprofil mit einem empirischen Potenzansatz, dem sogenannten Exponentialgesetz, beschrieben (4.1)

$$\frac{u(z)}{u(z_{ref})} = \left(\frac{z}{z_{ref}}\right)^{n} \tag{4.1}$$

Die Windgeschwindigkeit in der Höhe z kann hiermit bei ungestörten Verhältnissen aus der Geschwindigkeit in der Referenzhöhe z_{ref} berechnet werden. Der Exponent n hängt sowohl von der aerodynamischen Rauhigkeit des Untergrundes als auch von der Stabilität der Atmosphäre (Kap.4.4) ab und ist in der Tabelle 4.1 für den Fall einer thermisch neutralen Schichtung für verschiedene Oberflächenarten aufgeführt. Die Abhängigkeit des Windprofilexponenten von der Stabilität ist in der Tabelle 4.1 dargestellt. In der Prandlt-Schicht wird die Höhenabhängigkeit der Windgeschwindigkeit oft auch durch ein logarithmisches Gesetz (4.2) angegeben, welches theoretisch ableitbar ist.

$$u(z) = C \cdot \ln \frac{z}{z_{o}} = \frac{u_*}{\kappa} \ln \frac{z}{z_{o}} \tag{4.2}$$

Die Größe u_* wird als Schubspannungsgeschwindigkeit bezeichnet, sie ist proportional zum Impulsfluß J, κ ist die Karman-Konstante und hat einen Wert von 0,4 (bei verschiedenen Autoren findet man Angaben zwischen 0,35 und 0,4). Die Größe z_0 ist eine Integrationskonstante und hat physikalisch die Bedeutung einer Rauhigkeitslänge. Bei nicht neutraler atmosphärischer Schichtung (Kap.4.4) wird die Gl.(4.2) um eine von der Stabilität abhängende Funktion erweitert. Wie die Abb.4.9 verdeutlicht, beeinflußt die aerodynamische Rauhigkeit die Form des vertikalen Windprofils. Über glattem Gelände nimmt die Windgeschwindigkeit in Bodennähe viel stärker mit der Höhe zu als über rauhem Terrain. Um den Einfluß unterschiedlicher Rauhigkeiten auf das vertikale Windprofil bei neutraler Schichtung darzustellen kann das Excel-Arbeitsblatt *Windprof.xlw* benutzt werden.

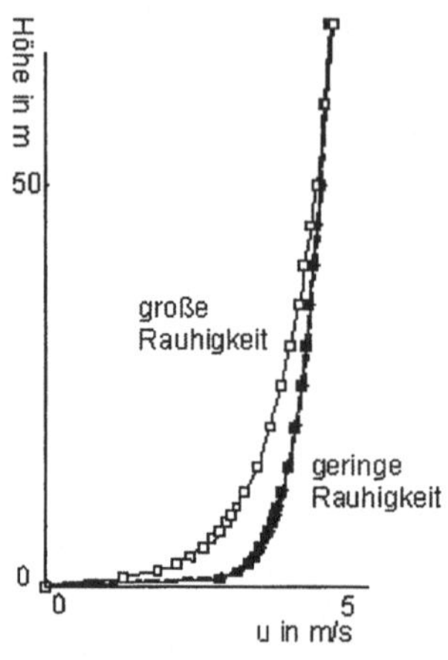

Abb.4.9. Form des vertikalen Windprofils über unterschiedlich rauhem Gelände

In der Tabelle 4.1 sind grobe Anhaltswerte der Rauhigkeitslänge z_0 und des Exponenten n für unterschiedliche Geländeoberflächen aufgeführt. Genauere Angaben zu Rauhigkeitslängen über unterschiedlichen Terrain findet man z.B. bei Wieringa (1993). Als sehr groben Schätzwert kann man ansetzen, daß z_0 etwa 3% bis 15% der Bebauungs- oder Bewuchshöhe beträgt.

Tabelle 4.1. Parameter zur Beschreibung des vertikalen Windprofils bei neutraler Schichtung (nach Stull, 1991).

Oberfläche	z_0(m)	n (neutrale Schichtung)
Ruhige Wasseroberfläche	≈0,0002	<0,1
Grasland	≈ 0,006	≈0,11
Landwirtschaftlich genutzte Areale	≈ 0,02-0,1	≈0,16
Wald und Gartenstadt	≈ 0,1-0,7	≈0,28
Zentren von Städten	≈ 0,8-1,5	≈0,4

Der Einfluß unterschiedlicher Rauhigkeitsparameter auf das vertikale Windprofil ist in der Abb.4.10 mit den in der Tabelle 4.2 aufgeführten Werten sowohl für das Potenzgesetz (4.1) als auch das logarithmische Windprofil (4.2) dargestellt.

Tabelle 4.2. Parameter der Kurvenschar in der Abb.4.10

Profil		u_* (m/s)	z_0 (m)	n
1	Glatt	0,5	0,01	0,12
2	Mäßig rauh	0,67	0,1	0,18
3	Rauh	1,05	1	0,3

Wie man aus der Abb.4.10 entnimmt, sind die mit dem logarithmischen Gesetz (Datenpunkte) und dem Potenzgesetz (durchgezogene Linien) ermittelten Windprofile bei geeigneter Parameterwahl oberhalb von etwa 10 m sehr ähnlich. Deutlich zeigt sich der Einfluß der Rauhigkeit auf die Form des Windprofils. Bei aerodynamisch rauhem Gelände (3) ist die bodennahe Geschwindigkeit viel geringer als bei einer glatten Oberfläche (1).

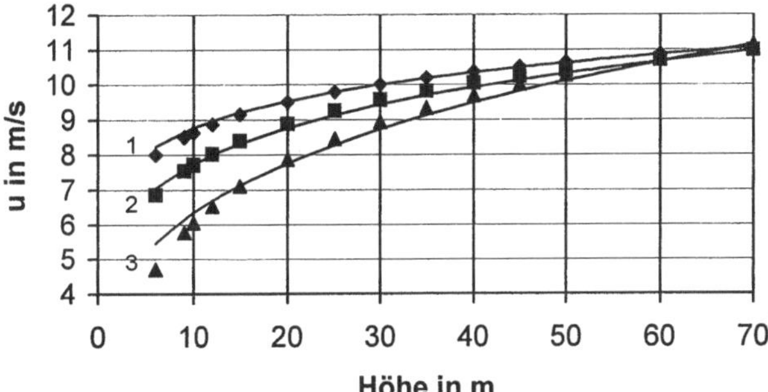

Abb.4.10. Vertikale Windprofile mit den Eingangsdaten aus Tabelle 4.2

In atmosphärischen Ausbreitungsmodellen erfolgt die Umrechnung der Windgeschwindigkeit meist mit Hilfe der Gl.(4.1). Aber auch durch Umformung der Gl.(4.2) ist eine Übertragung der Geschwindigkeit von einer auf eine andere Höhe möglich. Für eine neutral geschichtete Atmosphäre gilt:

$$\frac{u(z_1)}{u(z_2)} = \frac{\ln(z_1 / z_o)}{\ln(z_2 / z_o)} \tag{4.3}$$

4.2.2 Standort eines Windgebers

Ziel einer Windmessung ist es, repräsentative Ergebnisse über das im Umkreis der Station vorherrschende Windfeld zu erhalten. Hierbei muß gewährleistet sein, daß die Windgeschwindigkeit und Windrichtung am Standort der Messung nicht durch lokale Effekte beeinflußt wird. Nach einem Vorschlag, der auf dem Wind Standards Workshop in Rockville (USA) 1992 angenommen wurde (zitiert in Wieringa, 1996) sollte

- das Anemometer in 10 m Höhe auf einem Mast über flachem Gelände installiert
- aus allen Richtungen eine ungestörte Anströmung über mindestens 150 m gewährleistet
- Hindernisse in der Umgebung mindestens 10 mal weiter entfernt als hoch

sein. In dem Fall, daß der Windsensor auf einem Gebäude errichtet werden muß, so sollte die Höhe des Meßgebers über dem Dachniveau größer sein als die maximale Längenausdehnung der Dachfläche. In der Stationsbeschreibung wird dann die Höhe des Gebäudes und die Höhe des Windgebers über Grund angegeben.

4.3 Turbulenz

Die atmosphärische Strömung ist i.allg. bis auf eine nur wenige Millimeter dünne Bodengrenzschicht immer turbulent, d.h. der mittleren Strömung sind statistisch verteilte Windfluktuationen überlagert. So setzt sich z.B. die horizontale Geschwindigkeit in der Höhe z_2 über ein bestimmtes Zeitintervall betrachtet aus einem Mittelwert $\bar{u}$ und einem Fluktuationsanteil $u'(t)$ zusammen (Abb.4.11)

$$u(t) = \bar{u} + u'(t) \quad mit \quad \overline{u'(t)} = 0$$

Entsprechendes gilt für die auf u senkrechten Komponenten der Geschwindigkeit. Die Geschwindigkeitsfluktuationen beruhen auf dem turbulenten Charakter der Strömung. Anschaulich kann man sich die Turbulenzelemente als Wirbel unterschiedlicher Größe vorstellen, die entweder mechanisch, z.B. durch eine vertikale Geschwindigkeitsscherung, oder thermisch, durch Konvektion angeregt werden und die Luftelemente aus verschiedenen Höhen verlagern. Die Geschwindigkeitsfluktuationen $u'(t)$ in einer bestimmten Höhe werden dabei, wie in der Abb.4.11 schematisch dargestellt, durch die vertikalen Auslenkungen der Horizontalströmung verursacht. So kommt es, daß z.B. in der Höhe z_2 zu einem Zeitpunkt t_1 eine Luftmasse mit der Geschwindigkeit $u(z_3)$ vorliegt und zu einem anderen Moment t_2 ein Luftpaket mit einer Geschwindigkeit $u(z_1)$ beobachtet wird.

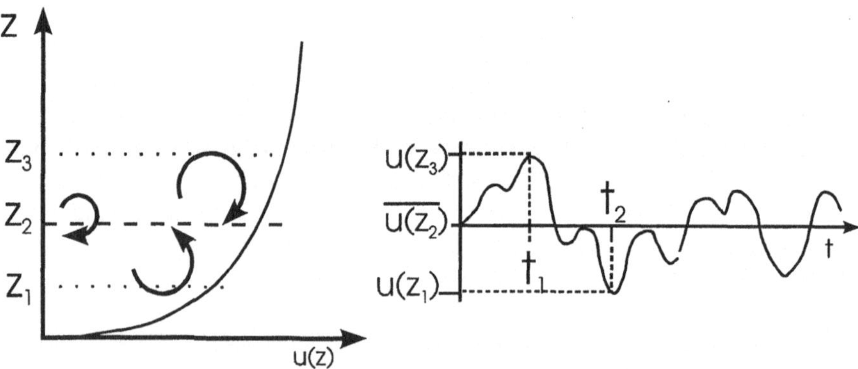

Abb.4.11. Schematische Darstellung des Auftretens horizontaler Geschwindigkeitsfluktuationen durch turbulente Austauschprozesse

Die Standardabweichung der Windgeschwindigkeit ist ein Maß für die Geschwindigkeitsfluktuationen und kann somit zur Parametrisierung der Turbulenz herangezogen werden. Die Standardabweichung σ ergibt sich dabei entsprechend der Gl.(4.4) aus der Wurzel der Varianz σ^2.

$$\sigma_u^2 = \frac{1}{T} \int\limits_{t=0}^{T} \left(u(t) - \overline{u}\right)^2 = \overline{u'^2} \qquad (4.4)$$

Bezieht man die Standardabweichung σ_u auf die mittlere Geschwindigkeit u, so hat man mit der Größe $\sigma_u/\overline{u}$ ein Maß für den Turbulenzcharakter der Strömung. In der Tabelle 4.3 sind Anhaltswerte für das Verhältnis von σ_u/u, σ_v/u und σ_w/u nach Robins (1979) für 2 unterschiedliche Rauhigkeitslängen bei neutraler atmosphärischer Schichtung angegeben. Der Index u bezeichnet die Komponente der mittleren Strömungsrichtung, v und w sind die darauf senkrechte (horizontale bzw. vertikale) Strömungskomponente.

Tabelle 4.3. Anhaltswerte für die Geschwindigkeitsfluktuationen in 50 m Höhe bei unterschiedlichen Rauhigkeiten (aus Robins, 1979)

	σ_u/u	σ_v/u	σ_w/u
$z_0 = 0{,}05\text{-}0{,}5$ m	$\approx 0{,}15\text{-}0{,}2$	$\approx 0{,}15\text{-}0{,}2$	$\approx 0{,}1$
$z_0 = 0{,}5\text{-}1{,}5$ m	$\approx 0{,}2\text{-}0{,}25$	$\approx 0{,}2\text{-}0{,}25$	$\approx 0{,}15$

Wie man der Tabelle 4.3 entnimmt, betragen die Geschwindigkeitsfluktuationen etwa 10 - 30% der mittleren Strömungsgeschwindigkeit. Die Verhältnis $\sigma/\overline{u}$ ist von der Rauhigkeit und wie im nächsten Kapitel erläutert, auch von der Stabilität der Atmosphäre abhängig.

4.3.1 Isotropie

Wenn der Betrag der mittleren Geschwindigkeitsfluktuationen in allen drei Bewegungsrichtungen gleich ist, d.h. wenn $\sigma_u = \sigma_v = \sigma_w$, dann spricht man von isotroper Turbulenz. Da die diffusive Verbreiterung einer Schadgasfahne von dem Betrag der Geschwindigkeitsfluktuationen abhängt, wird sich eine Schadstoffwolke im Fall isotroper Turbulenz nach allen Seiten gleich schnell verbreitern. Im Allgemeinen ist die atmosphärische Turbulenz jedoch nicht isotrop. Während Zeiten starker solarer Einstrahlung verursacht die aufsteigende Luft vergleichsweise starke Vertikalbewegungen. In den Nachtstunden sind die vertikalen Auslenkungen, wie in Kap.4.4.1 gezeigt wird, aufgrund der häufig auftretenden stabilen Schichtung eher gedämpft. Wie die Abb.4.12 verdeutlicht, beeinflußt die unterschiedliche Größe der Geschwindigkeitsfluktuationen die Ausbreitung und damit die Form einer z.B. ursprünglich kreisförmigen Abgasfahne.

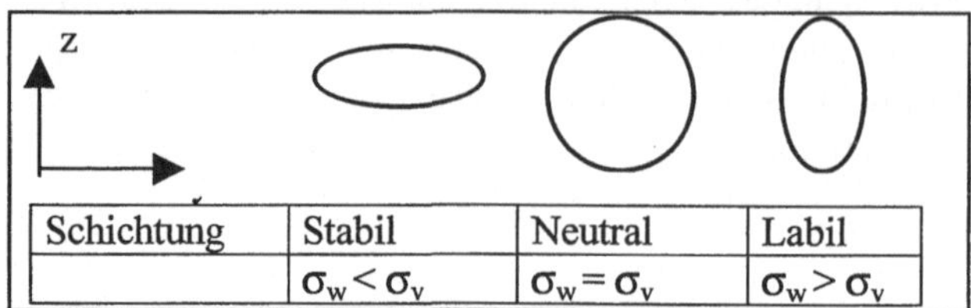

Abb.4.12. Auswirkung unterschiedlicher vertikaler und horizontaler Geschwindigkeitsfluktuationen auf die Form einer ursprünglich kreisförmigen Abgasfahne.

4.4 Stabilität der Atmosphäre

Wie in Kap.4.3 erläutert wurde, hat die Turbulenz einen wesentlichen Einfluß auf die diffusiven Mischungsprozesse in der Atmosphäre. Zur Durchführung einer Ausbreitungsrechnung ist es daher nötig, die Turbulenz geeignet zu parametrisieren. Die turbulenten Geschwindigkeitsfluktuationen werden durch Scher- und Auftriebskräfte angeregt und durch eine vertikale Temperaturschichtung modifiziert. Je nachdem ob nur Auftriebskräfte oder auch Scherkräfte berücksichtigt werden, unterscheidet man zwischen statischen und dynamischen Stabilitätsparametern.

4.4.1 Statische Stabilität

Die statische Stabilität der Atmosphäre beschreibt welche Kräfte auftreten, wenn ein Luftpaket vertikal aus der Ausgangsposition verlagert wird. Unter einem Luftpaket soll im Weiteren eine idealisierte, begrenzte Luftmasse verstanden werden, deren Bewegung verfolgt werden kann und die keinem Temperaturaustausch mit der Umgebung unterliegt. Je nachdem ob das Luftpaket nach einer Auslenkung in seine Ausgangslage zurückgedrängt oder die vertikale Bewegung verstärkt wird, spricht man von stabiler oder labiler Schichtung. Man kann herleiten, daß sich ein trockenes Luftpaket um 0,98 Kelvin abkühlt oder erwärmt, wenn es ohne thermischen Ausgleich zur Umgebungsluft um 100 m angehoben bzw. abgesenkt wird (siehe z.B. Roedel, 1992). Der Grund hierfür liegt darin, daß sich ein Luftvolumen V_1 bei Hebungsvorgängen von z.B. der Höhe z_1 auf eine Höhe z_2 von V_1 nach V_2 vergrößert. Die Volumenänderung findet gegen den äußeren Druck statt und erfordert eine Arbeitsleistung, die auf Kosten der inneren Energie und damit der Temperatur des Gases erfolgt (Abb.4.13). Der Wert von 0,98K /100 m wird als trocken-adiabatischer Temperaturgradient Γ bezeichnet. Eine trocken-adiabatische Temperaturänderung wird jedoch nur dann beobachtet, wenn bei der Abkühlung keine Kondensation von Wasserdampf erfolgt.

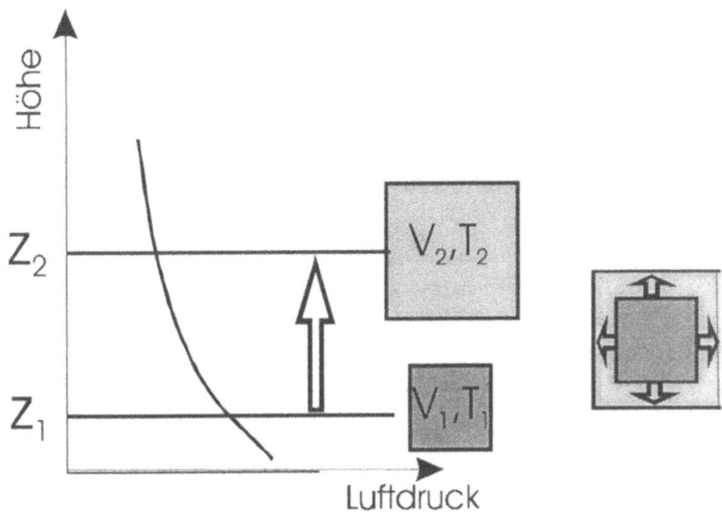

Abb.4.13. Schematische Darstellung der Vorgänge beim Anheben eines Luftvolumens

Ist die Luft feucht, so kann es beim Unterschreiten des Taupunktes zur Kondensation von Wasserdampf kommen, wobei die Verdampfungswärme von ca. 2500 Joule pro Gramm Wasser frei wird. Dadurch verringert sich die Temperaturabnahme, der feucht-adiabatische Temperaturgradient ist daher kleiner als der trocken-adiabatische. Die Abweichung zwischen dem feucht- und dem trocken-adiabatischem Temperaturgradienten hängt von der Temperatur, dem Druck und der absoluten Feuchte am Sättigungspunkt ab (siehe z.B. Roedel, 1992). Zwischen $0^{\circ}C$ und $20^{\circ}C$ beträgt der feucht-adiabatische Temperaturgradient bei 1000 hPa zwischen etwa 0,4 und 0,6 K/100 m.

Der in der Atmosphäre beobachtete vertikale Temperaturgradient weicht zum Teil deutlich von dem adiabatischen ab. Vor allem im bodennahen Bereich werden hohe vertikale Temperaturunterschiede beobachtet. Der Grund hierfür ist, daß die Umwandlung von kurzwelliger solarer Einstrahlung in Wärme, aber auch der Wärmeverlust durch langwellige Abstrahlung im wesentlichen am Boden bzw. in den bodennahen Luftschichten stattfindet. Aber auch in höheren Luftschichten können sich durch größerskalige meteorologische Prozesse (Absinkinversionen, Aufgleitvorgänge u.ä.) große vertikale Temperaturgradienten ausbilden.

In der Abb.4.14 sind die Ergebnisse einer Untersuchung von Manier (1975) dargestellt, in der die vertikalen Temperaturgradienten zwischen 2 m und 50 m Höhe als 10 Minuten-Mittel über einen Zeitraum von etwa 2600 Stunden aufgezeichnet wurden. Wie man der Abb.4.14 entnimmt, traten im Untersuchungszeitraum am häufigsten Temperaturgradienten zwischen −0,5 und -1,5 K/100 m (Mittel über ein Höhenintervall von 2-50 m) auf. Aber auch vertikale Gradienten von -4 bis + 5 K/100m (über den Höhenbereich 2-50 m gemittelt) wurden beobachtet.

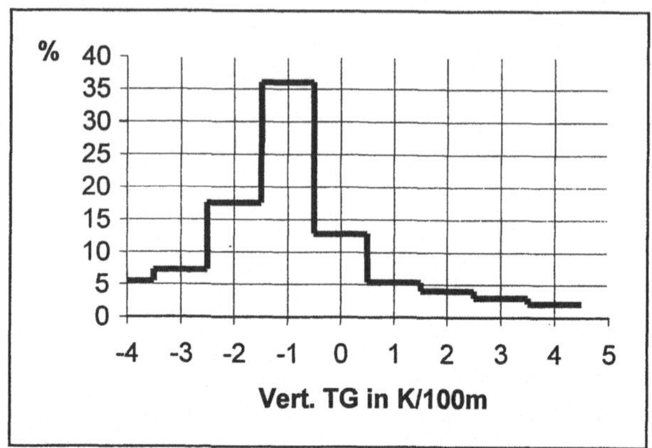

Abb.4.14. Häufigkeit bodennaher vertikaler Temperaturgradienten im Höhenbereich zwischen 2 und 50 m nach Manier (1975)

Nachfolgend soll anhand der Abb.4.15 qualitativ beschrieben werden, welche Kräfte auf ein Luftpaket wirken, wenn es in einer nicht adiabatisch geschichteten Atmosphäre vertikal ausgelenkt wird. In der Abb.4.15 ist der Umgebungs-Temperaturgradient $\partial T/\partial z$ als durchgezogene Linie, der trocken-adiabatische Temperaturgradient Γ als unterbrochen dargestellte Gerade eingezeichnet. Betrachtet werden soll zuerst der Fall, daß ein Luftpaket aus der Position z_1 um Δz auf die Höhe z_2 angehoben wird. Wenn keine Kondensation eintritt, kühlt sich das Luftpaket trocken-adiabatisch um $\Delta z \cdot (-0,98 \text{ K}/100 \text{ m})$ auf die Temperatur T_{a2} ab. Wie man aus der Abb.4.15 entnimmt, ist die angehobene Luftmasse im Fall der vorgegebenen Temperaturschichtung in der Höhe z_2 kälter und damit „schwerer" als die Umgebungsluft, welche die Temperatur T_{u2} aufweist. Hierdurch tritt eine rücktreibende Kraft auf, die der Auslenkung des Luftpaketes entgegenwirkt. Turbulente Fluktuationen werden somit in ihrer vertikalen Elongation gedämpft. Im Fall, daß das Luftpaket aus der Position z_1 nach unten ausgelenkt wird, ist es z.B. an der Stelle z_3 wärmer (und damit „leichter") als die Umgebungsluft, d.h. auch nach unten gerichtete Auslenkungen werden bei dem vorliegenden Temperaturgradienten $\partial T/\partial z$ in ihrer Amplitude gedämpft. Eine derartige Schichtung nennt man stabil. Eine stabile Schichtung liegt somit vor, wenn der Temperaturgradient der Umgebungsluft geringer ist als der adiabatische, d.h. wenn $\partial T/\partial z < \Gamma$. Eine Schichtung heißt labil, wenn der adiabatische Temperaturgradient Γ kleiner als die Temperaturänderung in der Umgebungsluft ist (Abb.4.16). Da ein vertikal nach oben bzw. unten verlagertes Luftpaket im labilen Fall wärmer bzw. kälter als seine Umgebung ist, werden turbulente vertikale Auslenkungen der Strömung verstärkt. Eine neutrale Schichtung liegt vor, wenn der adiabatische Temperaturgradient gleich dem der Umgebungsluft ist. Eine bestehende Turbulenz wird bei neutraler Schichtung nicht modifiziert.

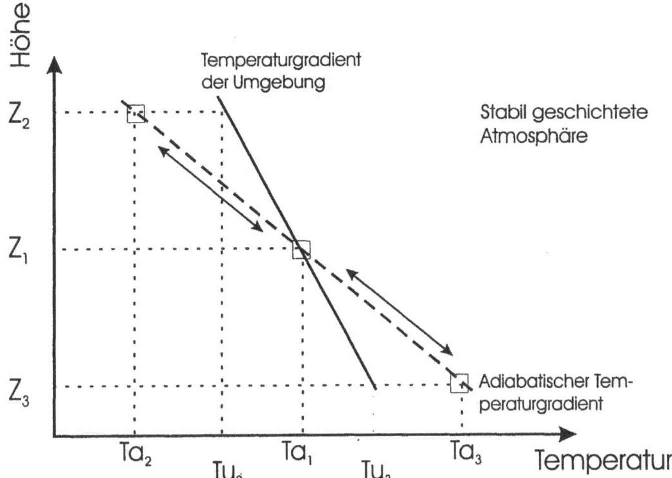

Abb.4.15. Veranschaulichung einer stabilen atmosphärischen Schichtung

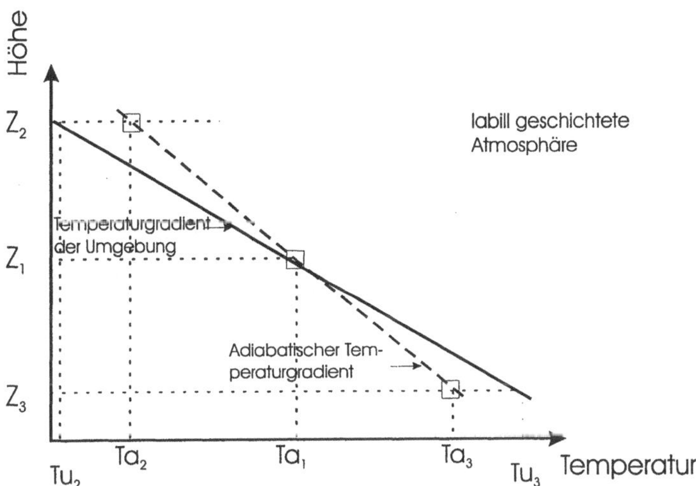

Abb.4.16. Veranschaulichung einer labilen atmosphärischen Schichtung

Man erkennt, daß der vertikale Temperaturgradient zur Parametrisierung der „statischen" Stabilität herangezogen werden kann. Es gilt im Fall des trocken-adiabatischen Temperaturgradienten:

$$\partial T/\partial z < \Gamma \quad \text{stabile Schichtung}$$
$$\partial T/\partial z > \Gamma \quad \text{labile Schichtung}$$
$$\partial T/\partial z = \Gamma \quad \text{neutrale Schichtung}$$

Häufig wird statt des meßbaren Temperaturgradienten der potentielle Temperatur-
gradient $\partial\theta/\partial z$ angegeben. Die potentielle Temperatur θ ist die Temperatur, die ein
Luftpaket erreicht, wenn man es trocken-adiabatisch auf einen Normaldruck von
1013 hPa bringt. Aus dieser Definition folgt unmittelbar für den potentiellen Temperaturgradienten, daß

$$\frac{\partial\theta}{\partial z} = \frac{\partial T}{\partial z} - \Gamma \tag{4.5}$$

Wählt man den potentiellen Temperaturgradienten zur Parametrisierung der stati-
schen Stabilität, so liegt bei $\partial\theta/\partial z = 0$ eine neutrale Schichtung, bei $\partial\theta/\partial z < 0$
bzw. $\partial\theta/\partial z > 0$ eine stabile bzw. labile Schichtung vor. Eine besonders hohe
Schichtungsstabilität tritt auf, wenn der normalerweise negative Temperaturgradient sein Vorzeichen wechselt. In diesem Fall spricht man von einer Inversion.
Durch die sehr stabile Schichtung kann die vertikale Mischung im Bereich einer
Inversion stark unterdrückt werden.

In der Abb.4.17 ist als Beispiel eine nächtliche Bodeninversion mit einer Obergrenze von wenigen Dekametern kurz nach Sonnenaufgang dargestellt. Bodennah
kondensierte der Wasserdampf, eine gleichförmige Nebeldecke war die Folge. Nur
die warme Abluft zweier Kühltürme durchstößt die Inversion und steigt wegen der
geringen Windgeschwindigkeit nahezu senkrecht in die Höhe.

Abb.4.17. Luftbild einer Bodeninversion, die von der Abluft zweier Kühltürme durchstoßen
wird

In der Abb.4.18 sind unterschiedliche vertikale Temperaturgradienten schematisch
verschiedenen Stabilitätsklassen zugeordnet. Im Fall einer nicht neutral geschichteten Atmosphäre werden vertikale Auslenkungen der Strömung gedämpft oder
verstärkt. Als Folge ergibt sich eine Modifikation der Turbulenz und damit der
vertikalen Mischung.

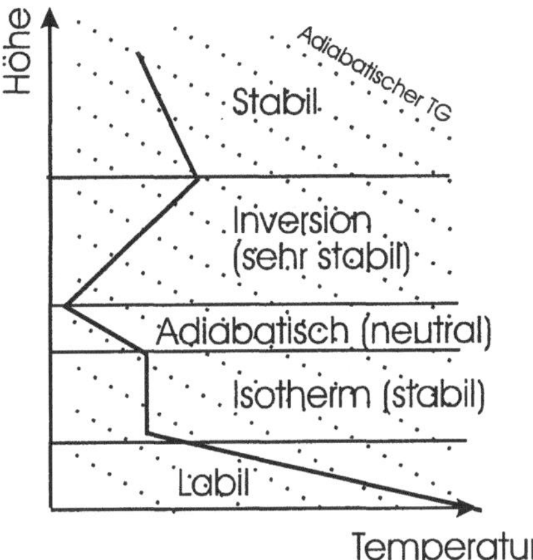

Abb.4.18. Schematische Darstellung vertikaler Temperaturgradienten und Zuordnung entsprechender Stabilitätszustände

4.4.2 Dynamische Stabilität

Die atmosphärische Turbulenz wird durch Scherströmung oder Konvektion erzeugt, durch Schichtungsphänomene gedämpft und durch viskose Reibung dissipiert. Der vertikale Temperaturgradient alleine reicht somit nicht aus, die atmosphärische Strömung bezüglich der Turbulenz und damit auch ihres Mischungsverhaltens hinreichend zu parametrisieren. Auch eine statisch stabil geschichtete Atmosphäre kann sehr turbulent sein. Hierfür ist jedoch eine starke Geschwindigkeitsscherung der Strömung erforderlich. Um neben den Auswirkungen einer Temperaturschichtung auch die mechanische Turbulenzerzeugung zu berücksichtigen, wurde der Begriff der dynamischen Stabilität eingeführt.

Zwei häufig verwendete mikrometeorologische Parameter zur Beschreibung der dynamischen Stabilität sind die Gradient-Richardsonzahl Ri_g und die Monin-Obuchow-Länge L_*. Beide berücksichtigen neben dem Temperaturgradienten auch die vertikale Windscherung. Bei praxisorientierten Problemstellungen greift man auf einfacher zu bestimmende Stabilitätsparameter zurück und führt eine Unterteilung in grob abgegrenzte „Stabilitäts- bzw. Ausbreitungsklassen" durch.

4.4.2.1 Gradient-Richardsonzahl

Mit Hilfe der Gradient-Richardsonzahl Ri_g kann die in einer bestimmten Höhe vorliegende atmosphärische Stabilität parametrisiert werden. Ri_g ergibt sich aus dem Gradient der potentiellen Temperatur $\partial\theta/\partial z$, dem vertikalen Gradient der Windgeschwindigkeit, der Erdbeschleunigung g und der potentiellen Schichtmitteltemperatur θ zu:

$$Ri_g = -\frac{\dfrac{g}{\overline{\theta}}\left(\dfrac{d\theta}{dz}\right)}{\left(\dfrac{du}{dz}\right)^2} \tag{4.6}$$

Die Richardsonzahl ist eine dimensionslose Größe, die das Verhältnis von Stabilität zur kinetischen Energie der Scherströmung je Masseneinheit angibt. Im Fall einer thermisch neutral geschichteten Atmosphäre mit $\partial\theta/\partial z = 0$ folgt, daß $Ri_g = 0$ ist. Übersteigt die Richardson-Zahl einen kritischen Wert von 0,25, dann ist die Temperaturschichtung ausreichend stabil, um die Produktion dynamischer Turbulenz praktisch zu unterbinden. Ein Nachteil der Gradient-Richardsonzahl ist, daß sie wegen der nichtlinearen Wind- und Temperaturgradienten höhenabhängig ist.

Gradient-Richardson-Zahl	Atmosphärische Schichtung
< 0	Labil
$= 0$	Neutral
$0 - 0,25$	Stabil

4.4.2.2 Monin-Obuchow-Länge

Ein anderer, in der Mikrometeorologie sehr häufig verwendeter Stabilitätsparameter ist die Monin-Obuchow-Länge. Diese Größe beschreibt das Verhältnis zwischen der Produktion von turbulent kinetischer Energie (TKE) durch Scherkräfte zu der Produktion von TKE durch thermische Kräfte. Die Monin-Obuchow-Länge ergibt sich aus dem Wärmefluß H[11] und der Schubspannungsgeschwindigkeit u_* zu (siehe z.B. Dobbins (1981)

$$L_* = -\frac{c_p\,\rho\,T\,u_*^3}{\kappa\,g\,H} \tag{4.7}$$

κ ist die Karman-Konstante mit dem Wert 0,35-0,4, c_p die spezifische Wärme in Ws/(gK), H der vertikale Wärmefluß in W/m^2,T die Temperatur in K, u_* die Schubspannungsgeschwindigkeit in m/s, g die Erdbeschleunigung in m/s und ρ die Luftdichte in g/m^3. Die Monin-Obuchow-Länge hat den Vorteil, daß sie in der Prandtl-Schicht nahezu höhenunabhängig ist und somit als eine universelle Skalierungsfunktion für die meisten stabilitätsabhängigen Größen verwendet werden kann. Die Monin-Obuchow-Länge L_* ist bei stabiler Schichtung positiv und bei labiler Schichtung negativ. Bei neutraler Schichtung strebt L_* wegen $H \rightarrow 0$ gegen unendlich. Anschaulich kann man die Monin-Obuchow-Länge als die Höhe interpretieren, unterhalb derer die mechanische Produktion von Turbulenzenergie die

---

[11] Der Wärmefluß H ist proportional zu dem Temperaturgradienten und dem turbulenten Diffusionskoeffizienten für Wärme

thermische Produktion überwiegt. Sie hat den Nachteil, daß sie meßtechnisch nur schwierig abzuleiten ist. Die Monin-Obuchow-Länge kann jedoch mit Hilfe empirische gewonnener Zusammenhänge aus der Gradient-Richardson-Zahl abgeschätzt werden (Abb.4.19). Da die Richardson-Zahl von der Höhe z abhängt, wird Ri_g nicht direkt gegen L_*, sondern gegen z/L_* aufgetragen.

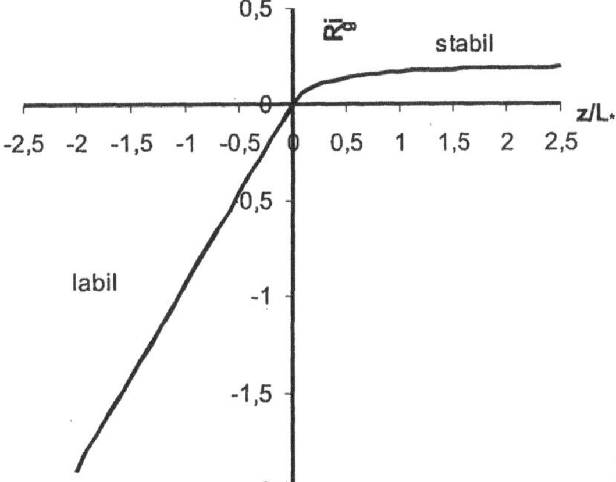

Abb.4.19. Abhängigkeit der Richardson-Zahl von z/L_*. Nach Businger et. al (1971)

4.4.3 Ausbreitungsklassen

Die dynamische Stabilität der Atmosphäre kann z.B. mit Hilfe der Monin-Obuchow-Länge L_* genau beschrieben werden. Zu deren Bestimmung sind jedoch meßtechnisch aufwendige Wärme- und Impulsflußmessungen mit der Eddy-Korrelationsmethode oder Analysen der Wind- und Temperaturgradienten erforderlich. Eine entsprechende Instrumentierung gibt es nur an ausgewählten meteorologischen Stationen. In der Vergangenheit suchte man daher „einfach" zu bestimmende Parameter um den Zustand der Atmosphäre hinsichtlich der Turbulenz bzw. der Mischung und Verdünnung von Luftbeimengungen zu beschreiben. Hierzu wurden sogenannte „Ausbreitungsklassen" eingeführt. Anfänglich versuchte man diese Klassen anhand der Stärke der vertikalen und horizontalen Windrichtungsschwankungen voneinander abzugrenzen. Dieser Ansatz beruht auf der Annahme, daß die Stärke der Windrichtungsfluktuationen ein Maß für den Turbulenzgrad der Atmosphäre darstellt. Durchgesetzt hat sich eine andere Methode, welche die Unterteilung aufgrund der Windgeschwindigkeit, dem Bedeckungsgrad und dem Sonnenstand vornimmt. Dem Vorgehen liegt die Idee zugrunde, daß

- die thermische Turbulenzproduktion (gleichbedeutend mit dem Wärmefluß H) tagsüber mit der solaren Einstrahlung und damit indirekt mit der Bedeckung und dem Sonnenstand korreliert,
- die Turbulenz unterdrückende Wirkung (stabile Temperaturschichtung, ebenfalls korreliert mit dem Wärmefluß H) mit der nächtlichen bodennahen Auskühlung und damit mit der Bedeckung bei Nacht einher geht,

- die mechanische Turbulenzproduktion mit der Windscherung und damit in erster Näherung mit der Windgeschwindigkeit in einer festen Höhe korreliert ist.

Ein erster Ansatz sechs Ausbreitungsklassen (A bis F) entsprechend den obigen Kriterien einzuführen, stammt von Pasquill (1961). Die Klasse D entspricht der von Auf- bzw. Abtriebskräften unbeeinflußten Atmosphäre. Die Klassen C, B und A stehen für immer stärker werdende Konvektion während bei E und F der Einfluß der thermischen Schichtung zum Tragen kommt. Der Pasquillsche Ansatz wurde unter anderem von Turner (1964) weiterentwickelt. Die Unterschiede in der Angehensweise verschiedener Autoren liegen zum Teil in einer differenzierteren Erfassung der Sonnenhöhe bzw. einer Berücksichtigung der Bodenrauhigkeit und der Untersuchungshöhe. Die von Klug (1969), Manier (1975), Vogt (1976, 1977) und Nester und Thomas (1979) veröffentlichten Schemen orientieren sich an mitteleuropäischen Verhältnissen und werden daher in Deutschland bevorzugt eingesetzt. Auf ihrer Grundlage wurde auch das Verfahren zur Einteilung der Ausbreitungsklassen entsprechend der TA-Luft (1986) abgeleitet.

Tabelle 4.4. Unterteilung verschiedener Ausbreitungsklassen (nach F.A.Gifford, zitiert in Hanna et al. 1982)

	Pasquill	Turner	TA-Luft
Sehr stabil	F (stabil)	7 (stabil)	I
Stabil	E (leicht stabil)	6(leicht stabil)	II
Neutral bis leicht stabil	D (neutral)	4 (neutral)	III/1
Neutral bis leicht labil	C	3	III/2
Labil	B	2	IV
Sehr labil	A	1	V

Die Unterteilung der atmosphärischen Stabilität in Ausbreitungsklassen wird in der praxisorientierten Ausbreitungsmodellierung bei kleinskaligen Fragestellungen auch heute noch bevorzugt durchgeführt. In der BRD orientiert man sich dabei meist an dem Bestimmungsverfahren der TA-Luft (1986), deren Zuordnung der Ausbreitungsklassen zu den meteorologischen Beobachtungsgrößen in der Tabelle 4.5 aufgeführt ist. Auf den Zusatz, in welchen Monaten und zu welchen Uhrzeiten eine Abweichung zu dem aufgezeigten Verfahren erfolgt, wurde an dieser Stelle verzichtet. Hierfür wird auf die detaillierte Beschreibung in der TA-Luft (1986) verwiesen. Durch diese Zusatzkriterien kommt es im Sommer gegen die Mittagszeit auch zur Einführung der Klasse V, die im Bestimmungsschema der Tabelle 4.5 sonst nicht auftritt. Wie man der Tabelle 4.5 entnimmt, tritt bei hohen Windgeschwindigkeiten von mehr als 9 Knoten (Dominanz der Scherströmung) nur neutrale Schichtung auf. Die mechanische Turbulenzerzeugung ist in diesem Fall so stark, daß keine großen vertikalen Temperaturgradienten bestehen können. Dieser Situation wird eine neutrale Ausbreitungsklasse zugeordnet. Bei geringen Windgeschwindigkeiten und geringer Bewölkung ergibt sich tagsüber durch Konvektion eine thermische Labilisierung. Dieser Situation werden labile Ausbreitungsklassen zugeordnet. Analog kann sich nachts, bei niedrigen Windgeschwindigkeiten und geringer Bewölkung durch die thermische Ausstrahlung eine stabile Schichtung einstellen.

Tabelle 4.5. Zuordnung der Ausbreitungsklassen an meteorologische Parameter entsprechend den Vorgabe der TA-Luft (1986)

WG in Knoten	Gesamtbedeckung in Achteln				
	0 - 6/8	7/8 - 8/8	0 – 2/8	3/8 - 5/8	6/8 – 8/8
	Nacht	Nacht	Tag	Tag	Tag
2 und darunter	I	II	IV	IV	IV
3 und 4	I	II	IV	IV	III/2
5 und 6	II	III/1	IV	IV	III/2
7 und 8	III/1	III/1	IV	III/2	III/2
9 und darüber	III/1	III/1	III/2	III/1	III/1

4.4.4 Unterschiede verschiedener Einteilungsschemata

Durch die Unterteilung der Ausbreitungsklassen nach Windgeschwindigkeit, Sonnenstand und Bedeckung ist keine exakte Eingruppierung des atmosphärischen Turbulenzcharakters möglich. Um ein Maß über die ungefähre Bandbreite der dynamischen Stabilität innerhalb einer Ausbreitungsklasse zu bekommen ist in der Tabelle 4.6 eine Zuordnung der Ausbreitungsklassen zu den entsprechenden Monin-Obuchov-Längen dargestellt. Die Zuordnung ist nur für hohe Bodenrauhigkeiten repräsentativ.

Tabelle 4.6. Zuordnung der Ausbreitungsklassen zu „typischen" Monin-Obuchow-Längen (nach Janicke, 1992)

Ausbreitungsklasse (Klug/Manier)	Ungefähre Anhaltswerte für die Monin-Obuchow-Länge (m) über aerodynamisch rauhem Gelände
V	-30
IV	-100
III/2	-300
III/1	5000
II	250
I	60

Der Vergleich zweier unterschiedlicher Zuordnungsschemata verdeutlicht die Schwierigkeiten einer Eingruppierung der Ausbreitungsklassen anhand der Parameter Windgeschwindigkeit, Bewölkung und Sonnenstand. In der Abb.4.20 sind die Ergebnisse einer Untersuchung von Manier (1975) dargestellt, in der die Ausbreitungsklassen anhand der beiden sehr ähnlichen Zuordnungsschemen von Klug (Klasse I bis V) und Turner (Klasse 1-7) für ein und dieselbe Datenreihe bestimmt und miteinander verglichen wurden. Eine Häufigkeit von 100% besagt, daß alle mit der einen Methode bestimmten Ausbreitungsklassen auch einer einzelnen Klasse der anderen Methode zugeordnet werden konnten. Treten jedoch z.B. bei einer Ausbreitungsklasse nach dem Klugschen Schema mehrere Klassen nach Turner auf, so ist die Zuordnung nicht eindeutig. Die Abbildung Abb.4.20 verdeutlicht, daß die Ergebnisse der beiden Verfahren korrelieren. Man erkennt jedoch, daß die Klassen bei gleichen meteorologischen Bedingungen teilweise stark überlappen und die Verfahren somit keine eindeutige Zuordnung der atmosphärischen Ausbreitungsklasse ermöglichen.

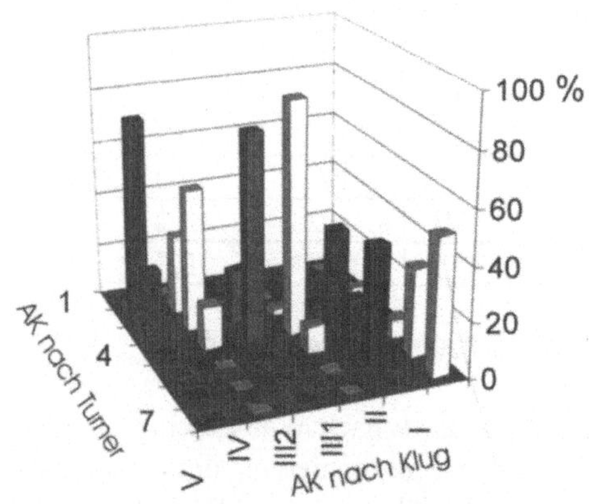

Abb.4.20. Vergleich der Bestimmungsschemen nach Klug und Turner (nach Ergebnissen von Manier, 1975)

Ein weiterer Nachteil bei der Bestimmung der Ausbreitungsklassen nach den Parametern Windgeschwindigkeit, Bewölkung und Sonnenstand liegt darin, daß unterschiedliche aerodynamische Rauhigkeiten nicht berücksichtigt werden. Dies führt bei Standorten mit sehr hohen oder niedrigen Rauhigkeiten zu falschen Resultaten. Trotz der oben aufgeführten Einschränkungen ist die beschriebene Eingruppierung in Ausbreitungsklassen dennoch eine einfache und im Rahmen der Ausbreitungsmodellierung sehr häufig praktizierte Methode zu Bestimmung und Unterteilung der atmosphärischen Stabilität.

4.4.5 Stabilität und Ausbreitung

Die Ausbreitungsbedingungen hängen wesentlich von der Produktion der turbulenten kinetischen Energie ab. Ist die Geschwindigkeitsscherung erheblich größer als die Auftriebskräfte, so spricht man von Forced Convection. Diese Bedingungen herrschen an windigen, bedeckten Tagen (Klasse III). Sie sind mit einer neutralen statischen Stabilität verknüpft. Die Turbulenz ist dann nahezu isotrop. Ist der Wärmefluß positiv und übersteigt die thermische Turbulenzerzeugung die mechanische, so spricht man von freier Konvektion. Diese Bedingungen mit labiler statischer Schichtung (Klasse IV und V) herrschen tagsüber bei Schwachwinden (über Land). Die Turbulenz ist nicht isotrop und eine Rauchfahne beginnt vertikal zu meandern. Wenn der Wärmefluß negativ und größer als die Windscherung ist, herrscht eine statisch stabile Schichtung. Derartige Bedingungen treten in windschwachen, bewölkungsarmen Perioden (Ausbreitungsklasse I bis II), v.a. nachts auf.

Die Auswirkungen unterschiedlicher atmosphärischer Stabilitäten auf die Ausbreitung einer Abgasfahne kann mit dem Programm *Lawver.exe* veranschaulicht werden. Das Programm simuliert die Ausbreitungsbedingungen einer über einen Kamin in 32 m Höhe kontinuierlich freigesetzten Emission. Die Anströmung erfolgt mit einer (vereinfacht höhenkonstant angenommenen) Windgeschwindigkeit von 1 m/s. Je nach atmosphärischer Stabilität, die über den Parameter St zu variieren ist, wird die Intensität der vertikalen Bewegungsfluktuationen verstärkt oder vermindert. In dem Programm wird weiterhin eine Inversionsuntergrenze I_u abgefragt, wodurch die Auswirkung einer Inversion verdeutlicht werden kann. Im Fall einer sehr labilen Schichtung (6) sind der Horizontalgeschwindigkeit noch periodische, niederfrequente vertikale Richtungsschwankungen überlagert, um die Auswirkungen einer meandernden Fahne zu simulieren. Starten Sie das Programm *Lawver.exe* mit den in der Tabelle 4.7 aufgeführten Parametern und vergleichen Sie die Form der Abgasfahne bei unterschiedlichen Stabilitätszuständen. In der Tabelle 4.7 sind die Ergebnisse und die englische Bezeichnung für das Aussehen der Fahne aufgeführt.

Tabelle 4.7. Ausbreitung einer Abgasfahne bei unterschiedlichen Bedingungen

Parameter	Schichtung	Bezeichnung	Ergebnis
St = 2 $I_u = 100$	stabil	Fanning	
St = 5 $I_u = 100$	neutral –labil	Coning	
St = 6 $I_u = 100$	Labil	Looping	
St = 6 $I_u = 35$	> 35 stabil < 35 labil	Fumigation	

4.5 Praxisorientierte Wind- und Ausbreitungsstatistik

Wie in den Kapiteln 4.1 bis 4.3 beschrieben, wird der advektive Transport und die diffusive Verdünnung luftgetragener Schadstoffe durch die drei meteorologischen Parameter Windgeschwindigkeit, Windrichtung und Turbulenz/Stabilität geprägt. Um den Jahresmittel- oder Perzentilwert einer Immissionszusatzbelastung an einem zu untersuchenden Standort zu bestimmen, muß daher bekannt sein, wie häufig ausgewählte meteorologische Situationen auftreten. Diese standortspezifischen

Informationen sind i.allg. in einer sogenannten dreiparametrigen Wind- und Ausbreitungsklassenstatistik aufgeführt. Dreiparametrig oder auch dreidimensional wird eine solche Statistik genannt, da die drei Parameter Windgeschwindigkeit, Windrichtung und Ausbreitungsklasse bezüglich der Häufigkeit ihres Auftretens analysiert werden. Um Phänomene wie z.B. das Ausregnen berücksichtigen zu können, gibt es auch vierdimensionale AK-Statistiken (VDI-Richtlinie 3782, Blatt 1). Der 4. Parameter ist hierbei der Niederschlag.

In der Praxis werden die Wind- und Ausbreitungsklassenstatistiken von den Ausbreitungsprogrammen mit unterschiedlicher Auflösung und damit auch in verschiedenen Formaten benötigt. In der praxisorientierten atmosphärischen Ausbreitungsmodellierung findet im Wesentlichen das TA-Luft (1986)-, DWD- und das AUSTAL-Format Verwendung.

4.5.1 TA-Luft-Format

In einer dreidimensionalen Ausbreitungsklassenstatistik im TA-Luft-Format werden 36 Windrichtungs-, 9 Windgeschwindigkeits- und 6 Stabilitätsklassen unterschieden:

- Die Windgeschwindigkeitsklassen 1-9 haben die Rechenwerte (in m/s)

Klasse	1	2	3	4	5	6	7	8	9
Bereich (m/s)	<1,4	1,4-1,8	1,9-2,3	2,4-3,8	3,9-5,4	5,5- 6,9	7 - 8,4	8,5 - 10	>10
Rechen- wert (m/s)	1	1,5	2	3	4.5	6	7,5	9	12

- Die Windrichtungsklassen werden von 1 bis 36 numeriert. Die Klasse 1 reicht dabei von 6° bis 15°, die Klasse 36 von 356° bis 5°
- Die Stabilität wird in 6 Ausbreitungsklassen (I bis V) unterteilt, die nach dem in der TA-Luft (1986) dargelegten Schema bestimmt werden.

Insgesamt werden in einer Ausbreitungsklassenstatistik somit 36·9·6, das sind 1944 meteorologische Situationen unterschieden. Die Wind- und Ausbreitungsklassenstatistiken werden über den Zeitraum von mindestens einem Jahr aufgezeichnet und die Gesamthäufigkeit auf 100% normiert. Der Aufbau einer solchen Statistik im „TA-Luft-Format" ist nachfolgend anhand des Beispiels „WIND1.dat" dargestellt. Diese Datei enthält Daten einer fiktiven Station und ist nach Installation der Software im Unterverzeichnis c:\abmod\prog enthalten. Schauen Sie sich die Datei mit Hilfe eines geeigneten Editors (WORD o.ä.) an.

Die Abb.4.21 zeigt schematisch den Aufbau Datei Wind1.dat. Wie man aus der Abbildung erkennt, sind die Windrichtungsklassen in der Horizontalen von 1 bis 36, die Windgeschwindigkeitsklassen in dem ersten Block vertikal von 1 bis 9 angeordnet. Eine Wind- und Ausbreitungsklassenstatistik besteht aus 6 Blöcken, von denen jeder jeweils eine Ausbreitungsklasse repräsentiert. Die Häufigkeiten einer jeden Kombination sind in 1/1000 Prozent angegeben. D.h. die Gesamthäufigkeit über alle 1944 Fälle beträgt 100000, entsprechend 100% der Jahresstunden. Aus der Abb.4.21 kann man z.B. entnehmen, daß an der betrachteten Station in 0,465% der Jahresstunden eine Windrichtung von 6° bis 15° Grad in Verbindung mit einer Windgeschwindigkeit < 1,4 m/s und einer Schichtung entsprechend der Ausbreitungsklasse I (sehr stabil) auftritt.

		1	2	3	4	5	6	7	8	9	10	11	12	13	36
AK1	1	465	710	878	946	949	892	740	541	367	242	179	144	117	....
1.	2	157	240	297	320	321	302	251	183	124	82	60	49	40	....
Block	3	132	206	262	284	284	259	207	146	90	56	39	30	24	....
	4	0	0	0	0	0	0	0	0	0	0	0	0	0	
	5	0	0	0	0	0	0	0	0	0	0	0	0	0	
	6	0	0	0	0	0	0	0	0	0	0	0	0	0	
	7	0	0	0	0	0	0	0	0	0	0	0	0	0	
	8	0	0	0	0	0	0	0	0	0	0	0	0	0	
	9	0	0	0	0	0	0	0	0	0	0	0	0	0	
AK2	1	478	569	545	486	446	397	334	258	187	129	112	104	96	....
2.	2	210	250	239	213	196	174	147	113	82	57	49	46	42	....
Block	3	150	189	201	201	189	166	127	88	55	34	25	25	22	....
	4	137	207	278	332	348	302	215	129	68	33	18	15	10	
	5	0	0	0	0	0	0	0	0	0	0	0	0	0	
	6	0	0	0	0	0	0	0	0	0	0	0	0	0	
	7	0	0	0	0	0	0	0	0	0	0	0	0	0	
	8	0	0	0	0	0	0	0	0	0	0	0	0	0	
	9	0	0	0	0	0	0	0	0	0	0	0	0	0	

usw. bis Ausbreitungsklasse 6 (AK 6).

Abb.4.21. Beispiel einer dreiparametrigen Wind- und Ausbreitungsklassenstatistik im TA-Luft-Format

4.5.2 DWD-(altes)-Format

In einer Wind- und Ausbreitungsklassenstatistik im DWD-(alt)-Format werden neben den 36 Windrichtungsklassen auch Kalmen (denen meßtechnisch bedingt keine Windrichtung zugeordnet werden kann) und umlaufende Winde erfaßt. Dadurch gibt es 38 Windrichtungsklassen. Auch die Unterteilung der Windgeschwindigkeiten ist erheblich feiner, statt 9 gibt es im DWD-Format 31 unterschiedliche Windgeschwindigkeitsklassen. Die Klassenbreite ist jeweils ein Knoten.

4.5.3 Austal-Format

Einige numerische Programme zur Durchführung von Ausbreitungsrechnung benötigen die Wind- und Ausbreitungsklassenstatistik in dem sogenannten AUSTAL-Format. Die Unterteilung der meteorologischen Kenngrößen entspricht der im TA-Luft-Format. Jedoch sind die Datensätze anders angeordnet. Eine schematische Darstellung des Aufbaus der Wind- und Ausbreitungsklassenstatistik Wind1 im Austal-Format findet sich in der Abb.4.22

Zähler	WR	WG	St	Häufigkeit
1	1	1	1	465
2	2	1	1	710
3	3	1	1	878
4	4	1	1	946
5	5	1	1	949
6	6	1	1	892
7	7	1	1	740

1-36
1-9
1-6
1944 $\Sigma = 100000$

Abb.4.22. Beispiel einer dreiparametrigen Wind- und Ausbreitungsklassenstatistik im AUSTAL-Format

Die erste Spalte der Datei enthält eine fortlaufende Numerierung von 1 bis 1944. Hiermit werden die unterschiedlichen meteorologischen Situationen differenziert. In der zweiten, dritten und vierten Spalte sind die Windrichtungs-, Geschwindig-keits- und Stabilitätsklassen aufgeführt. Die fünfte Spalte enthält die jeweiligen Häufigkeiten in 1/1000 Prozent der Jahresstunden.

4.5.4 Visualisierung von Wind- und Ausbreitungsklassenstatistiken

Die dreiparametrigen Wind- und Ausbreitungsklassenstatistiken beinhalten die wesentlichen Informationen über die Besonderheiten der Ausbreitungsbedingun-gen an einem Standort. Diese Informationen können mit Hilfe des Programms *WISTA.EXE* visualisiert werden. Das Programm analysiert die Wind- und Aus-breitungsklassenstatistik bezüglich der meteorologischen Kenngrößen. Verarbeitet werden nur Statistiken im AUSTAL-Format ohne Textkopf.

Die Funktion des Programmes *WISTA.EXE* soll anhand eines Beispiels erläutert werden. Nach Start muß der Name der zu analysierenden Datei, z.B. der beilie-genden Windstatistik Wind1.dat eingegeben werden. Das Programm liest die Häu-figkeiten der 1944 verschiedenen meteorologischen Situationen (Kap.4.5.1) ein und analysiert die Statistik. Es folgt die Angabe der mittleren Windgeschwindig-keit und der Gesamthäufigkeit (100%). Weicht die Gesamthäufigkeit deutlich von 100% ab, so liegt ein Fehler in der Statistik vor. Bei der Statistik Wind1.dat ergibt sich der Jahresmittelwert der Windgeschwindigkeit zu 3 m/s, die Gesamthäufigkeit beträgt 100%. Das Programm listet danach die Häufigkeitsverteilung der 9 unterschiedlichen Windgeschwindigkeitsklassen (1-9) auf. Dies ist eine erste wichtige Information über die meteorologischen Verhältnisse am Untersuchungsort.

Tabelle 4.8. Häufigkeitsverteilung der Geschwindigkeitsklassen der Wind- und Ausbreitungsklassenstatistik Wind1.dat

Klasse	1	2	3	4	5	6	7	8	9
%	25	12	12	23	15	8	4	2	1

Bei einer TA-Luft-konformen Ausbreitungsmodellierung muß an Standorten mit einem übermäßig hohen Anteil an Schwachwinden (Häufigkeit von Windgeschwindigkeiten von weniger als 2 Knoten bzw. 1 m/s in mehr als 30% der Jahresstunden) eine Sonderfallprüfung durchgeführt werden. Um dies zu überprüfen, muß die Windstatistik im alten DWD-Format vorliegen, da die Windgeschwindigkeiten nur hier hinreichend fein aufgelöst sind. Beträgt im TA-Luft-Format die Häufigkeit in der Windgeschwindigkeitsklasse I jedoch weniger als 30%, so ist das Schwachwind-Kriterium sicher erfüllt, da die Klasse I alle Geschwindigkeiten <1,4 m/s beinhaltet.

Bei der Windstatistik Wind1.dat liegt der Anteil mit Windgeschwindigkeiten <1,4 m/s mit 25% zwar recht hoch, eine Sonderfallprüfung entsprechend den Vorgaben der TA-Luft (1986) ist jedoch nicht nötig. Als Nächstes wird die mittlere Windrichtungsverteilung über alle Fälle angezeigt. Der Bildschirmausdruck des Pogramms ist in der Abb.4.23 dargestellt.

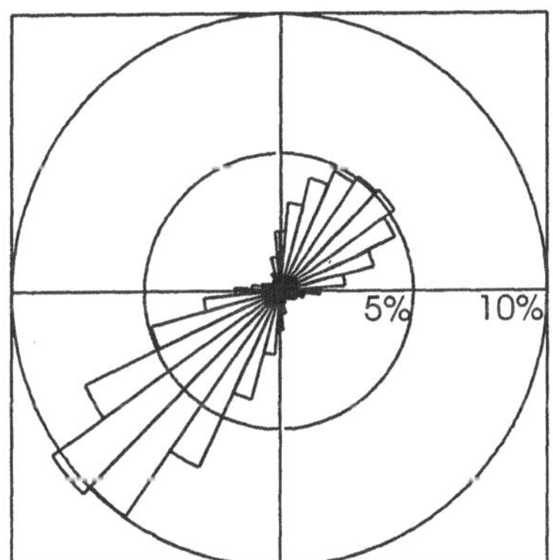

Abb.4.23. Windrichtungsverteilung der Statistik Wind1 (alle Fälle)

Wie man aus der Abb.4.23 erkennt, wird die mittlere Windrichtungsverteilung bei der betrachteten Statistik von südwestlichen und nordöstlichen Winden bestimmt. Für eine geplante Anlage läßt sich aus der Windrichtungsverteilung in Abb.4.23 sofort ableiten, daß im vorliegenden Fall immissionsseitig besonders Areale nordöstlich und südwestliche der Quelle betroffen sein werden.

Das Programm *Wista.exe* visualisiert anschließend die Korrelation der Windrichtungen mit unterschiedlichen Stabilitäts- (Eingabe –0) oder Windgeschwindigkeitsklassen (Eingabe –1). Da verschiedene Ausbreitungsklassen und Windgeschwindigkeiten die Verdünnung unterschiedlich stark beeinflussen, wird der Jahresmittel- und der 98-Perzentilwert der Immissionskonzentration wesentlich durch die Korrelation der Windrichtung mit den Ausbreitungs- und Geschwindigkeitsklassen beeinflußt. Geben Sie zuerst eine 0 ein. Die Richtungsabhängigkeit der unterschiedlichen Ausbreitungsklassen wird zusammen mit ihrer jeweiligen Häufigkeit angezeigt. Für den Fall der Statistik Wind1.dat teilen sich die Ausbreitungsklassen wie folgt auf:

Klasse	(I)	(II)	(III/1)	(III/2)	(IV)	(V)
%	19	21	36	14	7	4

Wie man aus dem oberen Teil der Abb.4.24 erkennt, tritt bei der Wind- und Ausbreitungsklassenstatistik Wind1 eine stabile Schichtung (Klasse I) vornehmlich bei Winden aus nordöstlicher Richtung auf. Die neutrale Schichtung III/2 (in der Abb.4.24 oben rechts dargestellt) geht auch mit südwestlichen Winden einher.

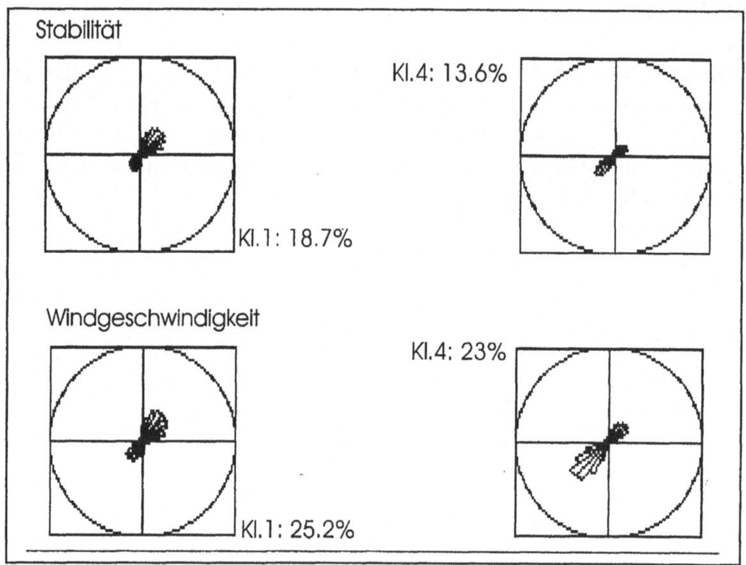

Abb.4.24. Teile des Bildschirmausdrucks des Programms *WISTA.EXE*

Geben Sie als nächstes eine 1 ein um die Richtungsabhängigkeit der ersten 6 Windgeschwindigkeitsklassen zu analysieren. In der Abb.4.24 ist im unteren Teil exemplarisch die Windrichtungsverteilung der Windgeschwindigkeitsklasse 1 und 4 dargestellt. Wie man erkennt, treten niedrige Windgeschwindigkeiten vornehmlich aus nordöstlichen Richtungen auf. Höhere Windgeschwindigkeiten beobachtet man vornehmlich aus südwestlichen Richtungen

In der Abb.4.25 ist die Windrichtungsverteilung der Wind- und Ausbreitungsklassenstatistik Wind2.dat dargestellt. Wie man aus dem Vergleich der Abb.4.25

und Abb.4.23 erkennt, können die Wind- und Ausbreitungsklassenstatistiken wesentlich von den örtlichen Gegebenheiten geprägt werden.

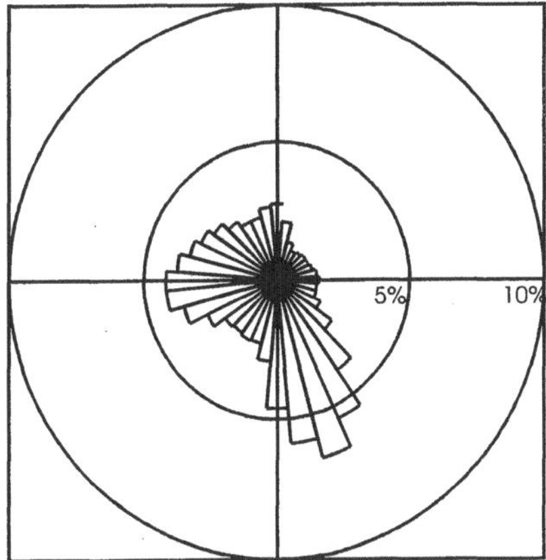

Abb.4.25. Windrichtungsverteilung Wind2.dat (alle Fälle)

4.5.5 Übertragung von Ausbreitungsklassenstatistiken

Dreidimensionale Wind- und Ausbreitungsklassenstatistiken liegen in Deutschland nur für einige ausgewählte Orte vor. Ein Verzeichnis der verfügbaren Stationen erhält man beim deutschen Wetterdienst in Offenbach. Wenn an einem bestimmten Standort eine dreiparametrige Statistik für eine Ausbreitungsrechnung nach TA-Luft (1986) benötigt wird, so ist in einem ersten Schritt zu prüfen, ob man die Daten der nächstgelegenen Wetterstation verwenden oder übertragen kann (Kap.4.1). Ist dies aus orographischen oder lokalklimatischen Gründen nicht möglich, so sind am Untersuchungsstandort Messungen über einen Zeitraum von mindestens einem Jahr durchzuführen.

Viele meteorologische Parameter unterliegen einer starken räumlichen Variation. Die Windrichtung wird z.B. wesentlich von topographischen Gegebenheiten und lokalen Windsystemen beeinflußt (Kap.4.1). Kanalisierungen in Tälern und reliefbedingte Umlenkungen der Strömung sind typische Beispiele. Die Windgeschwindigkeit unterliegt ebenfalls klein- und großräumigen Schwankungen. In der BRD wird generell eine Zunahme der Windgeschwindigkeit von Süd nach Nord beobachtet (Kap.4.2). Auch nimmt die Geschwindigkeit im allgemeinen mit der absoluten Höhe des untersuchten Standortes zu. In topographisch gegliedertem Gelände können darüber hinaus durch Kanalisierungs- und Abschattungseffekte starke kleinräumige Inhomogenitäten der Windgeschwindigkeit beobachtet werden. Die atmosphärische Stabilität wird in der derzeitigen Praxis durch die Beobachtung des Bedeckungsgrades und der Windgeschwindigkeit bestimmt (Kap.4.4.3). Während die Windgeschwindigkeit, wie oben beschrieben, klein- und mittelskalig stark variieren kann, ändert sich der Bedeckungsgrad räumlich meist nur wenig. Ausnahmen hiervon sind im Wesentlichen nur an den Lee- und

Luvseiten von Gebirgen oder größeren Höhenzügen durch die dort auftretende Wolkenbildung bzw. –auflösung oder bei Übergang von Land- zu größeren Wasserflächen zu erwarten. Der Bedeckungsgrad kann somit von benachbarten Stationen übertragen werden. I. allg. geht man folgendermaßen vor. Sind zwischen dem Untersuchungsort und dem Standort der nächsten meteorologischen Station keine Unterschiede in der Windrichtungs- und Windgeschwindigkeitsverteilung zu erwarten, so kann die dreidimensionale Wind- und Ausbreitungsklassenstatistik der benachbarten Station herangezogen werden.

Windstatistik der benachbarten met. Station übertragbar	Vorgehen
ja	Verwendung der dreidimensionalen Orginalstatistik
nein	Messungen der Windgeschwindigkeit und – richtung und Übertragung der Bewölkungs- bzw. Ausbreitungsklassenverteilung

Ist aufgrund orographischer oder lokalklimatischer Effekte eine Modifikation der Windverteilung zu erwarten, so sind am Untersuchungsstandort Windmessungen durchzuführen. Der gemessenen Windgeschwindigkeits- und Windrichtungsverteilung wird anschließend die Zeitreihe der Bewölkungsdaten oder die Ausbreitungsklassenstatistik der benachbarten Station überlagert (Abb.4.26).

Eine standortspezifische Windgeschwindigkeits- und Windrichtungsverteilung ist durch einjährige meteorologische Messungen leicht zu ermitteln. Da die zugehörigen Ausbreitungsklassen eine Beobachtung des Bedeckungsgrades erfordern, kann deren Bestimmung jedoch nicht automatisiert werden. Man muß daher i.allg. die Bewölkungsdaten oder die Ausbreitungsklassenverteilung der nächsten, benachbarten meteorologischen Station auf die vor Ort gemessenen Windgeschwindigkeits- und Windrichtungsverteilung übertragen. In der Literatur sind mehrere Verfahren beschrieben, um die Häufigkeitsverteilung der Stabilitätsklassen von einer auf ein andere Station zu übertragen. Nachfolgend sollen zwei, im Rahmen von Ausbreitungsmodellierungen häufig angewendete Methoden, das Zeitreihen- und das Brenk-Verfahren beschrieben werden.

- Das Brenk-Verfahren (Brenk, 1978) ist die einfachste Methode eine synthetische, dreiparametrige Statistik aus meteorologischen Aufzeichnungen an zwei verschiedenen Standorten zu bilden. Hierbei wird die dreiparametrige Statistik aus einer Windrichtungsverteilung am Untersuchungsstandort und einer Häufigkeitsverteilung der Ausbreitungsklasse und Windgeschwindigkeit von der zu übertragenden Station durch Multiplikation gebildet. Voraussetzung ist, daß die mittlere Windgeschwindigkeiten am Untersuchungsstandort und an der benachbarten Station vergleichbar sind.
- Bei dem TA-Luft (1986) oder Zeitreihen-Verfahren benötigt man an dem Untersuchungsstandort eine mindestens einjährige Zeitreihe der Windgeschwindigkeit und Windrichtung. Aus diesen Daten wird zusammen mit der für den selben Zeitraum vorliegenden Zeitserie der Bedeckungsdaten einer benachbarten Station eine dreiparametrige Wind- und Ausbreitungsklassenstatistik erstellt.

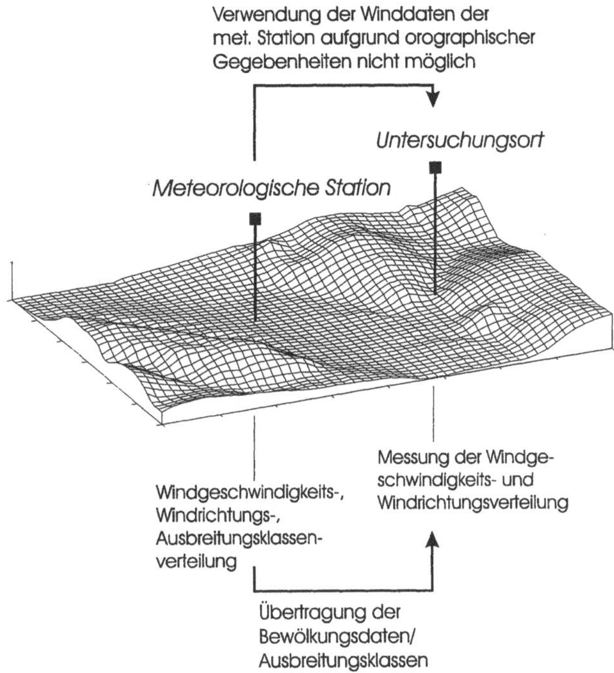

Abb.4.26. Übertragung einer Ausbreitungsklassenstatistik

Verfahren	Daten am Untersuchungsstandort	Daten von dem zu übertragenden Standort
TA-Luft/ Zeitreihe	Einjährige Zeitreihe der Windrichtung und –geschwindigkeit	Zeitreihe der Bedeckung, die den gleichen Zeitraum überdeckt wie die Daten am Untersuchungsort
Brenk	Windrichtungsverteilung	Windgeschwindigkeits- und Ausbreitungsklassenstatistik

Durch das Brenk-Verfahren wird die physikalische Abhängigkeit der Windrichtung einerseits und Windgeschwindigkeit und Ausbreitungsklasse andererseits vernachlässigt. Tritt an einer Station z.B. eine stabile atmosphärische Schichtung vornehmlich aus bestimmten Richtungen auf, so geht diese Information durch die Anwendung des Brenk-Verfahrens verloren. Der offensichtlichen Nachteil des Verfahren wird damit gerechtfertigt, daß der Langzeitausbreitungsfaktor primär von der Häufigkeit der Windrichtungen abhängt. Untersuchungen für einen ausgewählten Fall belegen jedoch, daß bei einer Ausbreitungsrechnungen durch eine Modifikation der Wind- und Ausbreitungsklassenstatistik nach dem Brenk-Verfahren Fehler von bis zu ± 20% bei dem Jahresmittelwert und bis zu 50% bei den 98-Perzentilwerten auftreten können (Zenger, 1996).

In den letzten Jahren findet des öfteren auch ein anderes Verfahren Anwendung. Hierbei wird die gemessenen Windrose einer benachbarten Station mit Hilfe eines diagnostischen Strömungsmodells (Kap.6.1.1) übertragen. Die Verteilung der Ausbreitungsklassen behält man bei. Es ergibt sich eine synthetische Windrose, die der Ausbreitungsmodellierung zugrunde gelegt werden kann. Das Verfahren ist jedoch nur für orographisch schwach bis mäßig gegliedertes Gelände geeignet. Da diagnostische Windfeldmodelle keine thermischen Effekte berücksichtigen, darf das Verfahren auch beim Vorliegen lokaler thermisch induzierte Windsysteme nicht angewendet werden.

4.6   Höhe der Mischungsschicht

Die Ausbreitung einer Schadgasfreisetzung wird zusätzlich zu den bisher schon aufgeführten Parametern auch von der Höhe der Mischungsschicht beeinflußt. Besonders die Höhenvariation der Obergrenze des Planetary Boundary Layers (ca. 100 m bei stabiler, über 1000 m bei labiler Schichtung) und die Inversionshäufigkeit innerhalb der PBL kann die bodennahe Schadstoffausbreitung beeinflussen. Die Mischungsschichthöhe wird in Abhängigkeit der Ausbreitungsklasse häufig entsprechend den Angaben aus Tabelle 4.9 angesetzt

Tabelle 4.9. Mischungsschichthöhen in Abhängigkeit der Ausbreitungsklasse nach VDI 3782, Blatt 1 (1992)

Stabilitätsklasse	I	II	III/1	III/2	IV	V
Mischungsschicht-höhe	250	250	800	800	1100	1100

5 Gauß-Fahnenmodelle

Gauß-Fahnenmodelle werden schon seit Jahrzehnten benutzt, um im Rahmen der atmosphärischen Ausbreitungsmodellierung Immissionsprognosen durchzuführen. Dementsprechend groß ist die Erfahrung, die man mit ihrer Anwendung gewonnen hat. Mittlerweile ist der Einsatz von Gauß-Fahnenmodellen in der BRD jedoch umstritten, da dieser Modelltyp bei einer Reihe von Fragestellungen zu groben Fehlabschätzungen führt und für viele Bereiche geeignetere Verfahren zur Verfügung stehen. Dennoch wurden in den letzten Jahren im Rahmen der praxisorientierten Ausbreitungsmodellierungen noch immer überwiegend Gauß-Fahnenmodelle eingesetzt. Häufige Anwendungsbereiche sind:

- Die Technische Anleitung Luft (TA-Luft, 1986). Für die Durchführung einer Immissionsprognose bei genehmigungspflichtigen Anlagen[12] ist nach dem §4 des BImSchG eine Ausbreitungsmodellierung mit einem TA-Luft konformen Gauß-Fahnenmodell vorgeschrieben.
- Die VDI-Richtlinie 3782 für Luftreinhaltepläne. Die Ausbreitungsmodellierung erfolgt mit einem Gauß-Fahnenmodell.
- Die Geruchsimmissionsrichtlinie (GIRL). Derzeit werden 2 verschiedene Ausbreitungsmodelle zur Prognose der Geruchsimmissionen diskutiert, die beide auf dem Gauß-Fahnenansatz beruhen.
- Die VDI-Richtlinie 3783. Die Abschätzung der Ausbreitung von störfallbedingten Freisetzungen basiert auf einem Gauß-Fahnenmodell.
- Immissionsprognose von Kfz-Emissionen (VDI 3782). Der aktuelle Entwurf zur Ausbreitungsmodellierung für Kfz-Emissionen aus dem Jahr 1997 (Lohmeyer, 1998) beinhaltet u.a. ein Gauß-Fahnenmodell.

Wegen der großen Bedeutung und häufigen Anwendung bei Fragen zur praxisorientierten Ausbreitungsmodellierung soll dieser Modelltyp nachfolgend ausführlich beschrieben werden.

---

[12] U.A. Kraft- und Heizwerke, metallverarbeitende Industrie, Anlagen zur fabrikmäßigen Herstellung von Stoffen durch chemische Umwandlung (chemische, pharmazeutische und petrochemische Industrie), Fabriken zur Oberflächenbehandlung mit org. Stoffen, Zelluloseindustrie, Tierzuchtanlagen, Einrichtungen zur Verwertung und Beseitigung von Rest- und Abfallstoffen

5.1 Grundlagen

Da eine exakte Ableitung eines Gauß-Modells unter Berücksichtigung aller Voraussetzungen, Annahmen und Randbedingungen den Rahmen dieses Buches übersteigt, wird nachfolgend nur eine anschauliche Herleitung aufgeführt. Für eine detaillierte Ableitung sei auf die Originalliteratur (z.B. Hanna, 1982) verwiesen.

Den Gauß-Modellen liegt eine analytische Lösung der Diffusionsgleichung (3.13) zugrunde. Diese Gleichung kann für einfache Randbedingungen, ein homogenes Windfeld und den Fall, daß die Diffusionskoeffizienten parallel und senkrecht zur mittleren Windrichtung keinen räumlichen und zeitlichen Variationen unterliegen,[13] analytisch leicht gelöst werden.

$$\frac{\partial C}{\partial t} = K_x \frac{\partial^2 C}{\partial x^2} + K_y \frac{\partial^2 C}{\partial y^2} + K_z \frac{\partial^2 C}{\partial z^2} + Q \tag{5.1}$$

Die Gl.(5.1) beschreibt Ficksche Diffusionsvorgänge, d.h. Mischungsprozesse mit einem konstantem Diffusionskoeffizienten wie z.B. die molekulare Diffusion. Wie in Kap.3.1.2.4 gezeigt wurde, kann man diesen Ansatz bei hinreichend großen Diffusionszeiten auch auf turbulente Mischungsprozesse übertragen.

5.1.1 Gauß-Puff-Modelle

Betrachtet werden soll der Fall, daß zum Zeitpunkt t=0 eine punktförmige Freisetzung einer Schadstoffmenge Q am Ort (x_o, y_o, H) erfolgt. Die Lösung der Gl.(5.1) lautet für diesen Fall (siehe Kap.3.1.2.2):

$$C(x,y,z,t) = \frac{Q}{\sqrt{(4\pi t)^3 K_x K_y K_z}} \cdot \exp -\left[-\frac{(x-x_o)^2}{4 \cdot K_x t} + \frac{(y-y_o)^2}{4 \cdot K_y t} + \frac{(z-H)^2}{4 \cdot K_z t} \right] \tag{5.2}$$

Die Gl.(5.2) beschreibt die Verbreiterung der punktförmigen Freisetzung um das Zentrums der Schadstoffwolke (x_o, y_o, H). Sie ist die Grundlage der sogenannten Gauß-Puff-Modelle. In diesen Modellen wird der advektive und diffusive Transport eines oder mehrerer Schadstoff-„Puffs" berechnet. Der Transport mit dem mittleren Windfeld kann berücksichtigt werden, indem man eine Bewegung des Zentrums der Wolke zuläßt. Für einen Puff, dessen Schadstoffmenge Q_i zur Zeit t=0 am Punkt (0,0,H) freigesetzt wurde und der sich z.B. mit einer räumlich und zeitlich konstanten Geschwindigkeit u entlang der x-Achse bewegt, ergibt sich die Konzentrationsverteilung zum Zeitpunkt t zu

$$C_i(x,y,z,t) = \frac{Q_i}{(2\pi)^{3/2} \sigma_x(t) \, \sigma_y(t) \, \sigma_z(t)} \cdot \exp\left(-\frac{1}{2} \cdot \left[\left(\frac{x-ut}{\sigma_x(t)}\right)^2 + \left(\frac{y}{\sigma_y(t)}\right)^2 + \left(\frac{z-H}{\sigma_z(t)}\right)^2 \right] \right) \tag{5.3}$$

---

[13] Das bedeutet jedoch nicht, daß die Diffusionskoeffizienten K_x, K_y und K_z in den drei Raumrichtungen gleich sein müssen

Die Advektion in x-Richtung ist durch den Term (x-ut) berücksichtigt, da der Puff in einem Zeitintervall t eine Strecke $x' = u\,t$ zurücklegt. Die Größe 2 Kt wurde in der Gl.(5.3) durch das Quadrat der Standardabweichung $\sigma^2 = 2\,Kt$ ersetzt. In der Abb.5.1 ist die räumliche Konzentrationsverteilung von vier diskreten, zeitlich aufeinander folgenden Einzel-Puffs schematisch dargestellt. Eine sphärische Konzentrationsverteilung ergibt sich dabei nur für den Fall, daß die Diffusionskoeffizienten in x-, y- und z-Richtungen gleich sind. Anderenfalls ist die Wolke in z-Richtung gestaucht oder gestreckt (siehe Kap.4.3.1). In Gauß-Puff-Modellen kann der zeitliche Abstand zwischen zwei aufeinanderfolgenden Puffs immer weiter verringert werden, um damit auch die Ausbreitung und Verdünnung einer quasi-kontinuierlichen Freisetzung zu simulieren.

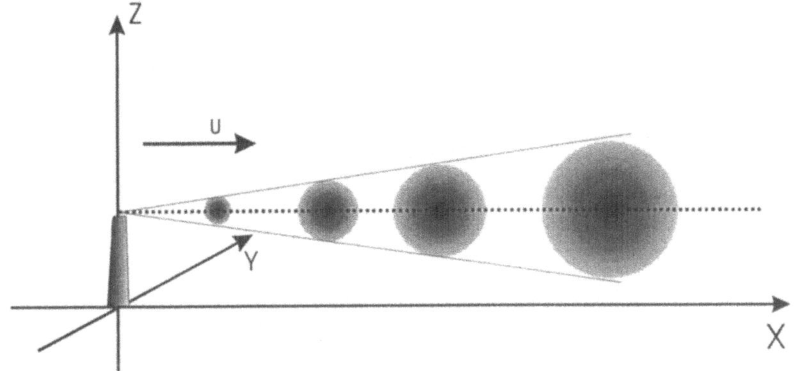

Abb.5.1. Gaußförmige Konzentrationsverteilung einzelner Schadstoffwolken, die sich mit der Geschwindigkeit u geradlinig in x-Richtung bewegen.

Selbstverständlich können bei Gauß-Puff-Modellen auch zeitlich und räumlich variable Strömungsfelder zugrunde gelegt werden. Die Position $\vec{r}_{i(x,y,z,t)}$ des Zentrums des i'ten Puffs wird dann durch die Gl.(5.4) bestimmt.

$$\vec{r}_{i(x,y,z,t)} = \int_{t=0}^{t} \vec{u}_{(x,y,z,t')}\, dt' \qquad (5.4)$$

Hierdurch ist es möglich, die Advektion und Diffusion auch in einem nicht homogenen Windfeld zu berechnen (siehe hierzu Kap.3.3). Im Detail sind die Grundlagen und Annahme eines Gauß-Puff-Modells sowie dessen Umsetzung in der VDI-Richtlinie 3945 Blatt 1 beschrieben.

5.1.2 Gauß-Fahnenmodelle

Den Gauß-Fahnenmodellen liegt eine starke Vereinfachung des Gauß-Puff-Modell Ansatzes (5.2) und (5.4) zugrunde. Ihre Anwendung ist daher auch mit wesentlichen Einschränkungen verbunden.

Mit Hilfe der Gl.(5.3) ist es möglich, die Konzentrationsverteilung für eine Schadgasfahne abzuleiten. Eine kontinuierliche Emission kann als eine Serie von unendlich vielen, kurz aufeinanderfolgenden Einzelpuffs angesehen werden, die sich z.B. mit der Geschwindigkeit u in x-Richtung bewegen und deren Konzentrationsverteilungen sich räumlich überlagern. Unter der Annahme, daß die Diffusion in x-Richtung gegenüber dem advektiven Transport vernachlässigt werden kann, ergibt sich die Lösung der zeitunabhängigen Advektions-Diffusionsgleichung für eine kontinuierliche Emission im stationären Fall ($\partial C/\partial t = 0$) zu:

$$C(x,y,z) = \frac{Q'}{2\pi u\,\sigma_y(x)\,\sigma_z(x)} \cdot \exp\left(\frac{-y^2}{2\cdot\sigma^2{}_y(x)}\right) \cdot \exp\left(\frac{-(z-H)^2}{2\cdot\sigma^2{}_z(x)}\right) \qquad (5.5)$$

Q' bezeichnet hierbei den Emissionsmassenstrom in z.B. [g/s], H ist die effektive Freisetzungshöhe in m und u die räumlich konstante Geschwindigkeit. Die Zeit t ist keine freie Variable mehr, sondern über die Geschwindigkeit u mit der Entfernung vom Ursprung verknüpft. Wie im Kap.3.1.2.5 gezeigt wurde, gilt mit t = x/u für

    lange Diffusionszeiten: $\sigma^2 \approx$ x/u,
    kurze Diffusionszeiten: $\sigma \approx$ x/u.

Die Gl.(5.5) löst die Advektions-Diffusionsgleichung für eine kontinuierliche Freisetzung in einem räumlich konstanten Windfeld im stationären Fall unter Vernachlässigung der Diffusion in Ausbreitungsrichtung, wenn keine seitlichen Begrenzungen bestehen. Die Konzentrationsverteilung, die durch die Gl.(5.5) beschrieben wird, ist in der Abb.5.2 schematisch dargestellt. Senkrecht zur Ausbreitungsrichtung liegt sowohl in y- als auch in z-Richtung eine gaußförmige Konzentrationsverteilung vor.

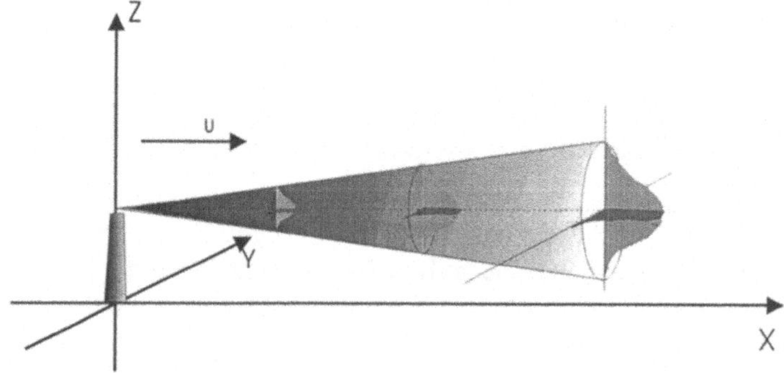

Abb.5.2. Konzentrationsverteilung einer Schadstoffahne

Betrachtet werden soll der Fall einer kontinuierlichen Emission in der Höhe H. Erreicht die Schadstoffahne durch die vertikale Mischung in einem bestimmten

Abstand den Boden, so wird dies in der Gl.(5.5) nicht berücksichtigt. Die Konzentrationsverteilung reicht leeseitig[14] dieses Abstands, wie im oberen Teil der Abb.5.3 dargestellt, unrealistischerweise bis in den Boden hinein. In Gauß-Fahnenmodellen wird die Reflexion[15] des Schadgases am Boden mathematisch dadurch berücksichtigt, daß man eine zweite, identische Quelle in der Höhe $z=-H$ einführt und die reelle und die „virtuelle" Fahne für $z > 0$ überlagert. Der Effekt der „virtuellen" Quelle auf die Immissionskonzentration oberhalb des Bodens ist im unteren Teil der Abb.5.3 schematisch dargestellt

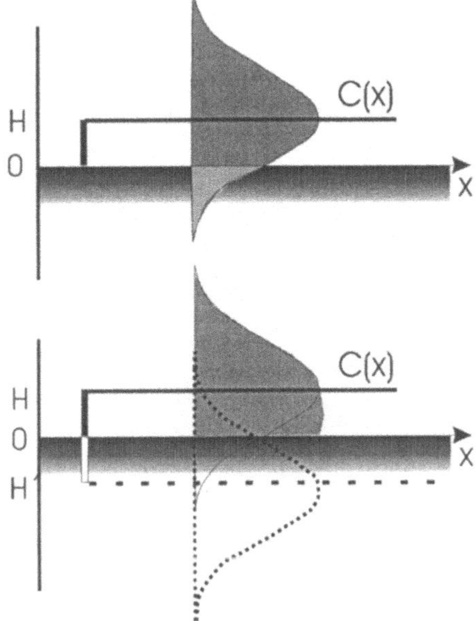

Abb.5.3. Wirkung einer virtuellen Spiegelquelle im Hinblick auf eine Reflexion der Schadstoffahne am Boden.

Der in dem oberen Teil der Abb.5.3 hellgrau unterlegt dargestellte Teil der Konzentrationsverteilung im Bereich $z < 0$ wird von der virtuellen Quelle im Bereich $z > 0$ beigesteuert. Überlagert man die beiden Verteilungen, so wird der in den Boden reichende Anteil oberhalb von $z = 0$ addiert. Als Summe erhält man die in dem unteren Teil der Abb.5.3 dunkelgrau unterlegt dargestellte Fläche. Sie stellt die Konzentrationsverteilung in Lee der Quelle Q unter Berücksichtigung der Reflexion am Boden dar. Die Gl.(5.6) beschreibt die Konzentrationsverteilung mit einer Reflexion am Boden in der Höhe $z = 0$. Durch die Addition der virtuellen Quelle (2. Term in der eckigen Klammer) wird der Anteil unterhalb von $z=0$ berücksichtigt.

---

[14] die Luv- bzw. Leeseite ist die dem Wind zu- bzw. abgewendete Seite
[15] Voraussetzung hierfür ist, daß keine Deposition oder Umwandlung des Schadstoffes am Boden stattfindet

$$C(x,y,z) = \frac{Q'}{2\pi u\,\sigma_y\,\sigma_z} \cdot \exp\left(\frac{-y^2}{2\cdot\sigma^2{}_y(x)}\right) \cdot \left[\exp\left(\frac{-(z-H)^2}{2\cdot\sigma^2{}_z(x)}\right) + \exp\left(\frac{-(z+H)^2}{2\cdot\sigma^2{}_z(x)}\right)\right] \quad (5.6)$$

Durch diese Methode ist auch sichergestellt, daß es keinen diffusiven Fluß in den Boden gibt, da nun der Konzentrationsgradient am Boden $\partial C/\partial z$ gleich Null ist. Analog zu der Reflexion am Boden können mit Hilfe von virtuellen Quellen auch Reflexionen an Inversionsgrenzen behandelt werden. Dies wird z.B. in dem Gauß-Fahnenmodell nach der VDI-Richtlinie 3782 Blatt 1(siehe Kap.5.8) berücksichtigt.

5.2 Annahmen des Gauß-Fahnenmodells

Beobachtungen der Immissionsverteilung in Schadstoffahnen zeigen, daß die Konzentrationen quer zur Hauptwindrichtung im zeitlichen Mittel durch eine Gaußkurve beschrieben werden kann. Das Argument, daß diese Verteilung unmittelbar aus der klassischen parabolischen Fickschen Diffusionsgleichung folgt, wird jedoch durch Naturmessungen widerlegt. Im Kapitel 5.1 wurde beschrieben, daß die Standardabweichung σ bei Fickschen Diffusionsvorgängen entsprechend $\sigma= (2Dt)^{0,5}$ und wegen $t = x/u$ proportional zu $x^{0,5}$ zunimmt. Dies wird bei Naturmessungen im Bereich zwischen 100 m und 10 km in Lee der Quelle i.allg. nicht beobachtet. Bevor in Kap.5.3 eine Parametrisierung der Sigma-Werte beschrieben wird, sollen zuvor die Einschränkungen des Gauß-Fahnenmodells diskutiert werden.

5.2.1 Zeitliche Konstanz der Sigma-Parameter

Das Gauß-Fahnenmodell wurde unter der Voraussetzung abgeleitet, daß die Diffusionskoeffizienten in der jeweiligen Ausbreitungsrichtung zeitlich und räumlich konstant sind. Dies führt dazu, daß die Sigma-Parameter proportional zur Wurzel der Transportzeit zunehmen, was für kleine Diffusionszeiten im Widerspruch mit den Beobachtungen steht. Man versucht diese Diskrepanz dadurch zu umgehen, daß dem Gauß-Fahnenmodell experimentell bestimmte, zeit- bzw. über den Zusammenhang $t= x/u$ vom Ort abhängige Sigma-Parameter zugrunde gelegt werden. Diese semi-empirische Lösung ist dann jedoch keine exakte Lösung der Fickschen Diffusionsgleichung mehr. Bei Gauß-Puffmodellen wird die Zeitabhängigkeit der Sigma-Parameter auch für kurze Diffusionszeiten unter Verwendung der Lagrange-Korrelationszeiten (siehe Kap.3.1.2.5) berücksichtigt.

5.2.2 Räumliche Variation der Sigma-Parameter

In der bodennahen Grenzschicht beobachtet man eine starke Zunahme der turbulenten Diffusionskoeffizienten mit der Höhe. Ursache hierfür ist, daß mit zunehmendem Abstand zum Boden immer mehr Wirbel zur Mischung beitragen. Diese Höhenabhängigkeit fließt bei der Parametrisierung der Sigma-Werte des Gauß-Fahnenmodells jedoch nur indirekt, nämlich über die Emissionshöhe ein (Kap.5.3).

Fahnenmodells jedoch nur indirekt, nämlich über die Emissionshöhe ein (Kap.5.3). In horizontaler Richtung kann man in homogenem Gelände von konstanten Diffusionskoeffizienten ausgehen. In gegliedertem Gelände (Topographie, Rauhigkeitswechsel, etc.) sind jedoch deutliche Variationen zu erwarten.

5.2.3 Räumliche Konstanz des Windfeldes

In Kap.4.2.1 wurde die Variation der Windgeschwindigkeit als Funktion der Höhe und der aerodynamischen Rauhigkeit beschrieben. Besonders im bodennahen Bereich beobachtet man eine starke Geschwindigkeitszunahme mit der Höhe. Diese Tatsache wird z.B. in dem Gauß-Fahnenmodell nach der TA–Luft nur dadurch berücksichtigt, daß man für das gesamte Windfeld die Geschwindigkeit in der Freisetzungshöhe zugrunde legt. Die Annahme einer vertikal konstanten Geschwindigkeit ist besonders bei einer bodennahen Freisetzung eine grobe Vereinfachung der realen Bedingungen. Eine gewisse Verbesserung stellt das Gauß-Fahnenmodell nach der VDI-Richtlinie 3782, Blatt 1 dar (Kap.5.8). In diesem Modell wird die Windgeschwindigkeit in der Höhe des Konzentrationsschwerpunktes als Transportgeschwindigkeit verwendet.

Aber auch in horizontaler Richtung können durch Kanalisierungseffekte, lokale Windsysteme u.ä. räumliche Variationen des Windfeldes entstehen. Da das Gauß-Fahnenmodell von einer gleichmäßigen Ausbreitungsrichtung und –geschwindigkeit ausgeht, kann es in diesen Fällen nicht oder nur sehr eingeschränkt angewendet werden.

Hierin besteht ein wesentlicher Vorteil von Gauß-Puff-, Lagrange- oder Euler-Modellen, da das Windfeld bei diesen Modellansätzen explizit berücksichtigt wird.

5.2.4 Vernachlässigte Diffusion in Ausbreitungsrichtung

Die Ableitung der Prognosegleichung des Gauß-Fahnenmodells Gl.(5.6) erfolgte unter der Annahme, daß die Diffusion in Ausbreitungsrichtung gegenüber dem advektiven Transport zu vernachlässigen ist. Das heißt, es muß gelten:

$$u \cdot \frac{\partial u}{\partial x} \gg K_x \cdot \frac{\partial^2 C}{\partial x^2} \tag{5.7}$$

Die Gl.(5.7) ist für Windgeschwindigkeiten größer etwa 1 m/s erfüllt (Manier, 1991). Da die Windgeschwindigkeit exponentiell mit der Höhe zunimmt, können besonders bei einer bodennahen Freisetzung oder einem hohen Anteil an Kalmen Fehler auftreten, welche die Anwendungsmöglichkeiten des Gauß-Fahnenmodells einschränken. In der TA-Luft (1986) wird aus diesem Grund eine Sonderfallprüfung gefordert, wenn der Anteil an Schwachwinden mit 10-Minutenmittelwerten kleiner 2 Knoten mehr als 30% der Jahresstunden beträgt.

5.2.5 Mittelungszeiten

Aus der Beschreibung der turbulenten Mischung (Kap.3.1.2.5) folgt, daß die mit der Gl.(5.5) bestimmte Konzentrationsverteilung einem mittleren Wert über ein vorgegebenes Zeitintervall entspricht. Über einen Zeitraum von z.B. einer Stunde tragen andere Wirbel zur Auslenkung der Abgasfahne bei, als etwa bei der Betrachtung eines 1 Minuten-Mittelwertes. Dies ist in der Abb.5.4 schematisch für unterschiedliche Mittelungszeiten dargestellt.

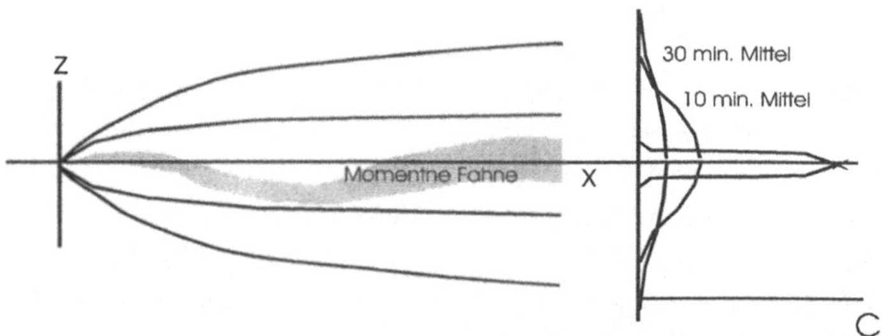

Abb.5.4. Einfluß unterschiedlicher Mittelungszeiten auf die Form der Gaußverteilung und damit auf die Sigma-Parameter

Wenn einem Gauß-Fahnenmodell experimentell bestimmte Ausbreitungsparameter zugrunde gelegt werden, so sind die berechneten Immissionen im Sinne dieser Mittelungszeiten zu interpretieren. Einige experimentelle Untersuchungen lassen vermuten, daß z.B. σ_y proportional zu $(T_m)^{0,2}$ zunimmt. T_m ist hierbei die Mittelungszeit. Diese Relation kann jedoch nicht allgemeingültig sein, da die spektrale Verteilung der Turbulenz variabel und damit auch standortabhängig ist.

5.3 Sigma-Werte

Messungen der Immissionen quer zur Windrichtung zeigen, daß die Konzentrationsverteilung im Fall einer ungestörten Ausbreitung im zeitlichen Mittel erfolgreich durch eine Gaußkurve beschrieben werden kann. Zwischen 1960 und 1980 versuchten zahlreiche Experimentatoren, die in das Gauß-Fahnenmodell einfließenden Sigma-Parameter in Abhängigkeit der Stabilität, der aerodynamischen Rauhigkeit, der Emissionshöhe und der Mittelungszeit zu bestimmen. Ohne Anspruch auf Vollständigkeit sei hier auf Arbeiten von Pasquill (1961), Turner (1964), Klug (1969), Vogt (1976,1977) und Nester und Thomas (1979) verwiesen. Eine Beschreibung verschiedenster Experimente findet sich z.B. in Draxler (1984). Aufgrund unterschiedlicher Mittelungszeiten, Randbedingungen, Oberflächenrauhigkeiten und statistischen Unsicherheiten unterscheiden sich die von verschiedenen Autoren veröffentlichten Sigma-Parameter jedoch zum Teil erheblich. Die Auswahl der in einem Gauß-Fahnenmodell verwendeten σ_y und σ_z Parameter ist daher eine kontrovers diskutierte Entscheidung. Nachfolgend soll exemplarisch die

Parametrisierung der Sigma-Werte nach den Vorgaben der TA-Luft (1986) beschrieben werden.

5.3.1 Parametrisierung

Zur Parametrisierung der Sigma-Werte, die in ein Gauß-Fahnenmodell einfließen, wird häufig der Ansatz von Klug (1969) herangezogen. Hierbei sind die Sigma-Parameter nur eine Funktion des Abstandes, der atmosphärischen Stabilität und der Emissionshöhe und können entsprechend der Gl.(5.8) ermittelt werden.

$$\sigma_y(x) = F \cdot x^f$$
$$\sigma_z(x) = G \cdot x^g \tag{5.8}$$

In der Tabelle 5.1 sind die Zahlenwerte der Koeffizienten F, G sowie der Exponenten f und g für die Ausbreitungsklassen I bis V und drei verschiedene Freisetzungshöhen entsprechend den Angaben der TA-Luft (1986) aufgeführt. Die Parameter stammen im Wesentlichen aus Diffusionsexperimenten am Kernforschungszentrum Karlsruhe und an der Kernforschungsanlage Jülich. Es muß beachtet werden, daß die so bestimmten Sigma-Werte für Mittelungszeiten von einer Stunde und ein Gelände mit einer mittleren bis hohen aerodynamischen Rauhigkeit gelten. Für effektive Quellhöhen zwischen 50 m und 100 m sowie zwischen 100 m und 150 m können die Ausbreitungsparameter mittels einer logarithmischen Interpolation für F und G und einer linearen Interpolation für f und g bestimmt werden.

Tabelle 5.1: Datensatz zur Parametrisierung der Sigma-Werte entsprechend der Gl.(5.8) nach TA-Luft (1986)

	$H_{eff} < 50$ m				$H_{eff}=100$ m				$H_{eff} > 150$ m			
	F	f	G	g	F	f	G	g	F	f	G	g
V	1.503	0.833	0.151	1.219	0.170	1.296	0.051	1.317	0.40	0.91	0.41	0.91
IV	0.876	0.823	0.127	1.108	0.324	1.025	0.070	1.151	0.40	0.91	0.41	0.91
III/2	0.659	0.807	0.165	0.996	0.466	0.866	0.137	0.985	0.36	0.86	0.33	0.86
III/1	0.640	0.784	0.215	0.885	0.504	0.818	0.265	0.818	0.32	0.78	0.22	0.78
II	0.801	0.754	0.264	0.774	0.411	0.882	0.487	0.652	0.31	0.71	0.06	0.71
I	1.294	0.718	0.241	0.662	0.253	1.057	0.717	0.486	0.31	0.71	0.06	0.71

Es ist zu beachten, daß zur Bestimmung der Sigma-Parameter, die in die TA-Luft (1986) eingegangen sind, keine Experimente mit Freisetzungshöhen kleiner 50 m durchgeführt wurden. Die Annahme von höhenkonstanten Sigmas unterhalb von 50 m stellt wahrscheinlich eine grobe Vereinfachung der tatsächlichen Bedingungen dar.

Wie in Kap.3.1.2.5 erläutert wurde, erwartet man für die Sigma-Werte in Ausbreitungsrichtung eine Zeit- und damit Entfernungsabhängigkeit zwischen etwa $(x)^{0,5}$ und $(x)^1$. Der Ansatz $\sigma \approx (x)^{0,5}$ tritt auf, wenn die Diffusionszeit groß gegen die Lagrange-Korrelationszeit (siehe Kap.3.1.2.5) ist. Da die Korrelationszeit stark von der Stabilität abhängt, sollte die Entfernungsabhängigkeit der Sigma-Werte je nach Ausbreitungsklasse zwischen den beiden Exponenten variieren. Dies ist in der Abb.5.5 für z.B. die σ_z-Parameter und eine Emissionshöhe H= 100 m und eine neutrale bzw. stabile Schichtung dargestellt.

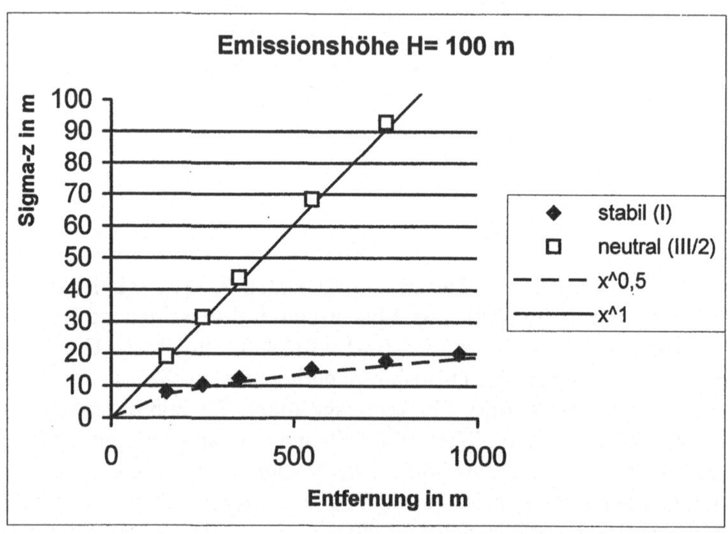

Abb.5.5. Entfernungsabhängigkeit der σ_z-Parameter nach TA-Luft (1986) für neutrale und labile Schichtung und einer Freisetzungshöhe von H=100 m

Die Entfernungsabhängigkeit der Exponenten f und g kann auch direkt aus der Tabelle 5.1 entnommen werden. Die Exponenten variieren zwischen 0,5 und 1, bei sehr labiler Schichtung wurden jedoch auch Werte > 1 beobachtet.

Es ist zu beachten, daß die Sigma-Parameter des Gauß-Fahnenmodells meist nur in einem Abstandsbereich zwischen etwa 100 m und einigen Kilometern durch Messungen analysiert wurden. Die Extrapolation der Ergebnisse auf Entfernungen von weniger als 100 m ist kaum möglich, da der Ansatz der Fickschen Diffusion mit abnehmendem Abstand versagt (siehe Kap.3.1.2.5).

5.3.2 Abhängigkeit von der aerodynamischen Rauhigkeit

Theoretische Überlegungen zeigen, daß die Sigma-Werte neben der Stabilität und der Höhe auch von der aerodynamischen Rauhigkeit abhängen. Ein bestimmter Satz von Sigma-Parametern kann daher nur dann angewendet werden, wenn die strömungsdynamischen Bedingungen am Untersuchungsort denen gleichen, die bei den Bestimmung der Sigma-Parameter vorlagen. Man darf die Sigma-Werte, die z.B. über aerodynamischen rauhem Gelände ermittelt wurden nicht auf glattes Terrain übertragen und umgekehrt. Die Auswirkungen unterschiedlicher aerodynamischer Rauhigkeiten auf z.B. die Sigma-z-Parameter sind in der Abb.5.6 anhand von Ergebnisse von Smith (1973) verdeutlicht.

Ansätze um die Auswirkungen unterschiedlicher aerodynamischer Rauhigkeiten auf die Sigma-Werte zu parametrisieren, wurden bei den gängigen Ausbreitungsmodellen jedoch meist nicht berücksichtigt.

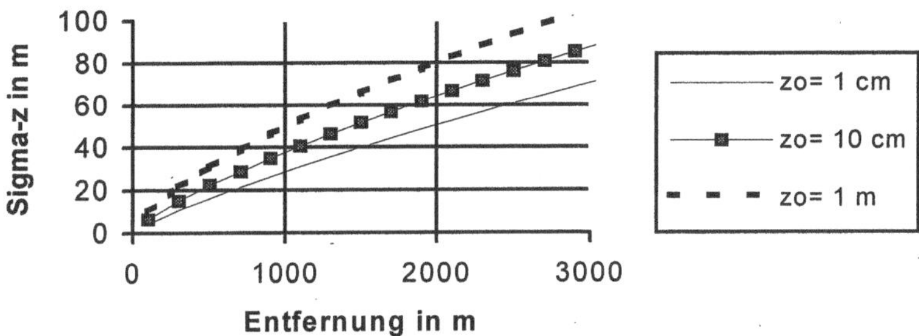

Abb.5.6. Abhängigkeit der σ_z-Werte von der aerodynamischen Rauhigkeit (nach Smith, 1973)

5.3.3 Repräsentativität der Sigma-Parameter

Es ist wichtig zu beachten, daß die Sigma-Parameter, die in ein Gauß-Fahnenmodell eingehen, so bestimmt wurden, daß man eine bestimmte Anzahl von Ausbreitungsexperimenten bei vergleichbaren meteorologischen Bedingungen durchführte und die so erhaltenen Ergebnisse mittelte. Je größer die Anzahl an Experimenten pro Ausbreitungsklasse war, desto besser ist die statistische Absicherung. Widersprüche z.B. in der Abhängigkeit der Ausbreitungsparameter nach der TA-Luft (1986) von der Stabilität sind ein Hinweis entweder auf zu wenige Messungen oder auf nicht stationäre Verhältnisse bei der Durchführung der Experimente. Die in der Abb.5.7 dargestellten σ_y-Werte nehmen mit wachsender Stabilität wie zu erwarten ab, um dann ab der Klasse III/1 erneut anzusteigen. Dies ist physikalisch nicht sinnvoll und scheint auf inkonsistente Messungen hinzudeuten.

Die Tatsache, daß sich die Ergebnisse eines einzelnen Ausbreitungsexperiments von dem Mittelwert über viele Versuche deutlich unterscheiden können, bedeutet andererseits auch, daß die mit einem Gauß-Fahnenmodell prognostizierten Ergebnisse nicht zur Beurteilung eines einzelnen Stundenmittelwertes herangezogen werden können.

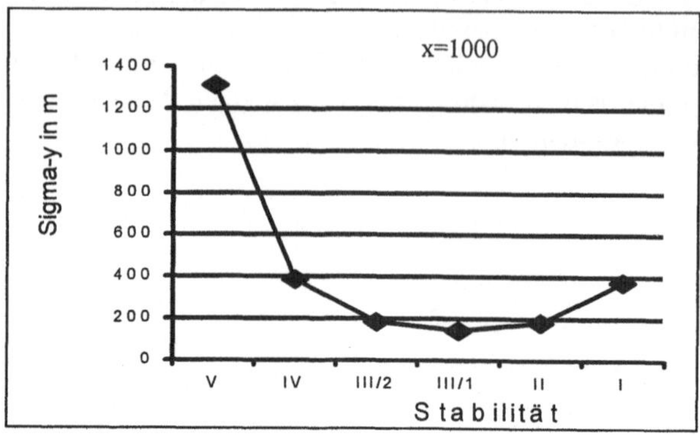

Abb.5.7. Abhängigkeit der σ_y-Parameter nach der TA-Luft (1986) bei x= 1000 m von der Ausbreitungsklasse

5.4   Anwendungsvoraussetzungen

Aus der Ableitung der Gl.(5.6) für das Gauß-Fahnenmodell folgt, daß diese Gleichung zur Prognose der Immissionskonzentrationen nur herangezogen werden darf, wenn

- kontinuierliche Emissionen vorliegen
- Abstandsbereiche von ca. 100 m bis einigen Kilometern untersucht werden
- möglichst ebenes bzw. nur gering gegliedertes Gelände vorliegt
- keine lokalen Windfelder dominieren (d.h. ein homogenes Windfeld vorherrscht)
- windschwache Wetterlagen (u < ca. 1 m/s) und Situationen mit großer Windscherung ausgeklammert werden
- die Bedingungen des Untersuchungsortes mit denen vergleichbar sind, an welchem die Sigma-Parameter experimentell bestimmt wurden.
- die Ergebnisse als Mittelwert über eine Vielzahl vergleichbarer Ereignisse interpretiert werden.

Da die Benutzung des Gauß-Fahnenmodells außerhalb seines Einsatzbereiches zu großen Fehlern führen kann, ist eine genaue Überprüfung der Anwendungsvoraussetzungen dringend geboten.

5.5   TA-Luft konformes Gauß-Fahnenmodell

In der ersten Verwaltungsvorschrift zum Bundes-Immissionsschutzgesetz, der Technische Anleitung zur Reinhaltung der Luft (TA-LUFT 1986), ist im Anhang C ein Gauß-Fahnenmodell zur Prognose der Immissionskonzentration vorgeschrieben. Für eine gasförmige Emission aus einer Punktquelle kann die Immissionskonzentration nach TA-LUFT (1986) entsprechend der Gl.(5.9) berechnet werden.

$$C(x,y,z) = \frac{Q \cdot 10^6}{3600 \cdot 2\pi \cdot u_h \cdot \sigma_y(x) \cdot \sigma_z(x)} \cdot \exp\left(\frac{-y^2}{2 \cdot \sigma^2_y(x)}\right) \cdot$$
$$\left[\exp\left(\frac{-(z-H)^2}{2 \cdot \sigma^2_z(x)}\right) + \exp\left(\frac{-(z+H)^2}{2 \cdot \sigma^2_z(x)}\right)\right]$$

(5.9)

Die Gl.(5.9) entspricht im Wesentlichen der Gl.(5.6). Der Faktor $10^6/3600$ wurde zur Normierung eingeführt, damit die Immissionskonzentration in mg/m^3 ausgegeben werden, wenn der Emissionsmassenstrom in kg/h vorliegen. Um den Auftrieb einer warmen Abluftfahne zu berücksichtigen, wurde die Emissionshöhe H durch die abstandsabhängige, effektive Quellhöhe $H_{eff}(x)$ ersetzt. Voraussetzung zur Anwendung der Gl.(5.9) ist, daß keine chemische oder physikalische Umwandlung und keine relevanten Sinkgeschwindigkeiten von Schwebstaub auftreten. x, y und z bezeichnen die karthesischen Koordinaten der Aufpunkte in Ausbreitungsrichtung (x) bzw. senkrecht horizontal (y) und vertikal (z) dazu in m. C(x,y,z) ist die Massenkonzentration der Luftverunreinigung am Aufpunkt in mg/m^3, z die Höhe des Aufpunktes über Flur. Q bezeichnet den Emissionsmassenstrom der Quelle in kg/h und σ_y bzw. σ_z sind die horizontalen bzw. vertikalen Ausbreitungsparameter. U_h ist die Windgeschwindigkeit in der Höhe der Freisetzung.

5.5.1 Sigma-Werte

Die Sigma-Werte, die in das Gauß-Modell einfließen, können entsprechend der Gl.(5.8) mit dem Datensatz aus der Tabelle 5.1 ermittelt werden. Die Werte wurden im Wesentlichen aus Experimenten an dem Kernforschungszentrum Karlsruhe und an der Kernforschungsanlage Jülich in einem Entfernungsbereich zwischen 100 m und 20 km und Freisetzungshöhen zwischen 50 und 150 m abgeleitet. Sie gelten für eine mittlere bis hohe aerodynamische Rauhigkeit ($z_0 \approx 1m$) und eine Mittelungsdauer von einer Stunde. Es muß berücksichtigt werden, daß die Sigma-Parameter Mittelwerte über eine größere Anzahl von Experimenten sind und sich im Einzelfall erhebliche Abweichungen ergeben können. D.h., daß die mit Hilfe des Gauß-Modells nach TA-Luft (1986) für eine bestimmte meteorologische Situation ermittelten Immissionen nicht zur Einschätzung eines speziellen Stundenmittelwertes herangezogen werden können. Die Ergebnisse sind erst über mehrere vergleichbare Situationen, die z.B. den 98-Perzentilwert prägen, verläßlich.

5.5.2 Mittlere Windgeschwindigkeit

Die mittlere Windgeschwindigkeit in der Höhe H wird aus der Windgeschwindigkeit in der Anemometerhöhe nach dem exponentiellen Windgesetz ermittelt.

$$\frac{u(z)}{u(z_{ref})} = \left(\frac{z}{z_{ref}}\right)^{n} \tag{5.10}$$

Der Exponent n variiert dabei in Abhängigkeit der Ausbreitungsklasse zwischen 0,09 und 0,42 (Tabelle 5.2). Eine Abhängigkeit von der aerodynamischen Rauhigkeit wird in der TA-Luft (1986) nicht berücksichtigt, da auch die Sigma-Werte nur für aerodynamisch rauhes Gelände anzuwenden sind.

Tabelle 5.2. Abhängigkeit von n von der Ausbreitungsklasse

Ausbreitungsklasse	V	IV	III/2	III/1	II	I
n	0,09	0,2	0,22	0,28	0,37	0,42

5.5.3 Effektive Quellhöhe

Liegt die Abgastemperatur über der Umgebungstemperatur, so steigt die Fahne auf und die tatsächliche Quellhöhe $H_{eff}(x)$ liegt über der Freisetzungshöhe H.

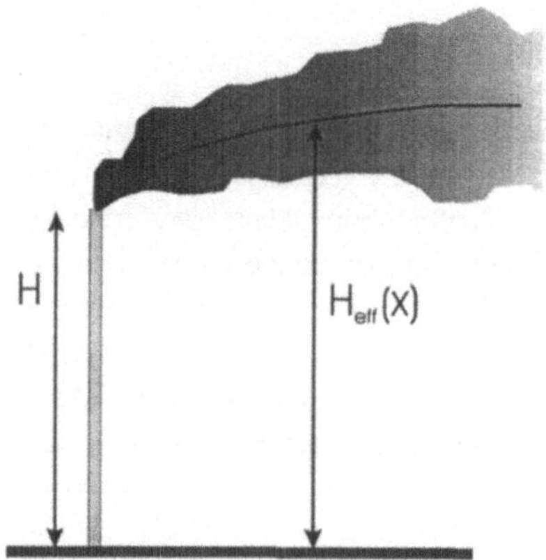

Abb.5.8. Schematische Darstellung der Abgasfahnenüberhöhung

Das in der TA-Luft (1986) beschriebene Verfahren zur Bestimmung der effektiven Quellhöhe vernachlässigt den Vertikalimpuls der Abluft und berücksichtigt nur den Wärmestrom M des Abgases. Dieser ergibt sich (in MW) zu:

$$M = 1,36 \; 10^{-3} \cdot R \cdot (T\text{-}283)$$

T ist die Temperatur des Abgases in K und R der Volumenstrom in m^3/s im Norm-
zustand, d.h. bei 0°C und 1013 mbar vor Abzug des Feuchtegehaltes. Für z.B. eine
neutrale Temperaturschichtung kann die Überhöhung aus

$$\ddot{u}(x) = 2{,}84 \cdot M^{0,33} \cdot x^{0,66} / u_H$$

berechnet werden. u_H ist die Windgeschwindigkeit in der Höhe der Schornstein-
mündung H und x der leeseitige Abstand von der Quelle in m. Zusatzbedingungen
schränken dabei die maximale Überhöhung ein. Zur Erläuterung der Zusatzbedingungen und der Berechnungsverfahren bei einer labilen und stabilen atmosphärischen Schichtung sei auf die Angaben der TA-Luft (1986) verwiesen. Es muß
betont werden, daß es auch neuere Verfahren zur Berechnung der Abgasfahnenüberhöhung gibt, deren Ergebnisse sich z.T. erheblich von den mit der TA-Luft
(1986) erhaltenen Resultaten unterscheiden. Dennoch wird der Ansatz de TA-Luft
(1986) zur Ermittlung der effektiven Quellhöhe auch in aktuellen Ausbreitungsmodellen implementiert.

5.5.4 Analyse ausgewählter Ausbreitungsbedingungen

Verläßliche Immissionsprognosen für Einzelsituationen, wie z.B. die Berechnung
eines einzelnen Stundenmittelwertes für eine ausgewählte meteorologische Situation können mit Gauß-Fahnenmodellen, wie im Kap.5.3 erläutert wurde, nicht
durchgeführt werden. Erst als Mittel über mehrere vergleichbare Ausbreitungsbedingungen erhält man verläßliche Ergebnisse.

Nachfolgend wird das Modell *Geinz.exe* vorgestellt, mit dem durch eine Ausbreitungsrechnung ohne Abgasfahnenüberhöhung abgeschätzt werden kann, welche Immissionskonzentrationen in Lee einer Quelle für unterschiedliche meteorologische Ausbreitungssituationen im Mittel zu erwarten sind. Mit Hilfe dieses
Modells kann z.B. analysiert werden, welche meteorologischen Situationen immissionsseitig besonders relevant sind und z.B. den 98-Perzentilwert prägen.

Rufen Sie das Modell *Geinz.exe* auf. In einem ersten Schritt müssen die meteorologischen und anlagenspezifischen Parameter eingeben werden. Nacheinander
werden abgefragt:

- die Ausbreitungsklasse: 1 entspricht einer labilen, 6 einer stabilen Schichtung[16]
- die effektive Quellhöhe in m (erlaubt sind nur Höhen < 50 m)
- die Windgeschwindigkeit in 10 m Höhe (Stundenmittelwert in m/s)
- der Abstand Δx zwischen 2 Immissionspunkten in m (z.B. 50 m)
- die Rezeptorhöhe in m an der die Immissionskonzentration bestimmt wird

---

[16] Die Klassifizierung orientiert sich an den Ausbreitungsklassen nach Turner. Nach der No-
menklatur der TA-Luft entspricht 1 (sehr labil) der Klasse V, 6 (sehr stabil) der Klasse I

Das Modell berechnet nun an 10 äquidistanten Punkten in Lee der Anlage die Verdünnung C/Q in s/m^3 und gibt an, in welchem Abstand die geringste Verdünnung ermittelt wurde. In der Regel interessiert nicht die Verdünnung sondern die Immissionskonzentration, die bei einer bestimmten Emission zu erwarten ist. Diese kann direkt aus der Verdünnung durch die Multiplikation mit der Quellstärke ermittelt werden. Das Programm erwartet die Quellstärke in der Einheit g/s. Das Ergebnis wird in der Einheit g/m^3 als Konzentrationsplot bei y=0, d.h. in der Mitte der Fahnenachse in x-Richtung dargestellt. Danach erfolgt ein Ausdruck der Immissionskonzentrationen längs der x-, d.h. der Windrichtung. Der Ablauf des Programms soll nachfolgend anhand eines Beispiels erläutert werden.

Betrachtet wird die Emission eines Kamins mit der effektiven Quellhöhe von 20 m. Der Emissionsmassenstrom beträgt 1 Gramm Schadgas pro Sekunde. Es soll untersucht werden, welche Wetterlagen im Nahfeld bzw. Fernfeld der Anlage zu hohen Immissionskonzentrationen in einer Rezeptorhöhe von 2 m führen. Analysiert werden sollen die in der Tabelle 5.3 aufgeführten meteorologischen Bedingungen.

Tabelle 5.3. Parameter und Ergebnisse ausgewählter Anwendungen des Programms Geinz

	Fall 1	Fall 2	Fall3
Ausbreitungsklasse	5 (entspricht AK II, d.h. stabil)	3 (entspricht AK III/2, d.h. neutral)	1 (entspricht AK V, d.h. sehr labil)
Effektive Quellhöhe	40 m	40 m	40 m
Emissionsmassenstrom	1 g/s	1 g/s	1 g/s
Stundenmittel der Windgeschwindigkeit u_{10}	2 m/s	2 m/s	2 m/s
Maximaler Aufpunkt	450 m	200 m	100 m
Immission am max. Aufpunkt	$1{,}6 \cdot 10^{-5}$ g/m^3	$3{,}6 \cdot 10^{-5}$	$3{,}1 \cdot 10^{-5}$

Die Ergebnisse des Modells Geinz sind nur als Mittel über eine größere Anzahl vergleichbarer Ausbreitungsvorgänge (Stundenmittelwerte) zu verstehen und zu interpretieren. Wie man aus der Tabelle 5.3 entnimmt, treten die höchsten Immissionskonzentrationen bei den gewählten Eingangsparametern zwischen 120 und 480 m in Lee der Quelle auf. Bei einer labilen Schichtung liegt der maximale Aufpunkt wegen der stärkeren vertikalen Mischung verständlicherweise näher bei der Quelle als bei einer stabilen Schichtung. Bei welcher Ausbreitungsklasse absolut die höchsten Immissionen auftreten, hängt von der effektiven Quell- und der Rezeptorhöhe ab.

5.5.5 Berechnung von Jahresmittel- und Perzentilwerten

Ziel einer atmosphärischen Ausbreitungsrechnung im Rahmen von Umweltverträglichkeitsuntersuchungen, Genehmigungsverfahren u.ä. ist es, die zu erwartenden Immissionen mit human- und ökotoxikologischen Beurteilungswerten zu vergleichen. Wie im Kapitel 2.3 beschrieben, werden zur Beurteilung der Immissionskonzentrationen nach dem Bundes-Immissionschutzgesetz Jahresmittel- und 98-Perzentilwerte herangezogen. Für genehmigungsbedürftige Anlagen ist daher eine Prognose dieser Beurteilungswerte für alle immissionsrelevanten Schadgase durchzuführen. Hierfür ist die Anwendung eines Gauß-Fahnenmodells entsprechend der Vorgaben nach TA-Luft (1986) vorgeschrieben.

Um den Jahresmittel- und 98-Perzentilwert der Immissionskonzentration an einem Untersuchungspunkt P(x, y, z) zu bestimmen, wird für jede der 1944 unterschiedlichen meteorologischen Situationen eine separate Ausbreitungsrechnung durchgeführt. Im Fall, daß ein zeitlich konstanter Emissionsmassenstrom vorliegt, erhält man damit am Aufpunkt P(x,y,z) 1944 unterschiedliche Konzentrationswerte, denen anschließend anhand der standortspezifischen, dreidimensionalen Wind- und Ausbreitungsklassenstatistik zugeordnet wird, wie häufig die jeweilige meteorologische Situation und damit die jeweilige Immissionskonzentration prozentual auftritt. Das Vorgehen ist in der Tabelle 5.4 veranschaulicht. In der ersten Spalte sind die 1944 unterschiedlichen meteorologischen Situationen durchgezählt. Sie ergeben sich aus der Kombination der Windrichtungsklasse 1-36 (Spalte 2), der Ausbreitungsklasse 1-6 (Spalte 3) und der Windgeschwindigkeitsklasse 1-9 (Spalte 4). Für eine zu untersuchende Anlage wurde z.B. bei einer Windrichtung 20°, einer Ausbreitungsklasse 1 und einer Windgeschwindigkeit von 1,4 m/s (in der Tabelle 5.4 entspricht dies der Situation 218) am Punkt P ein Stundenmittelwert der Immissionskonzentration von 0,14 mg/m³ berechnet. Aus der Wind- und Ausbreitungsklassenstatistik (Spalte 6) kann man entnehmen, daß diese meteorologische Situation in 1% der Jahresstunden (in 88 Stunden pro Jahr) auftritt.

Tabelle 5.4. Beispiel zur Bestimmung des Jahresmittelwertes der Immissionskonzentration

Meteorologische Situation i	WR (i) Klasse	St (i) Klasse	WG (i) Klasse	C(i) mg/m³	H(i) %
1	1	1	1	0.3	0.2
2	2	1	1	0.28	0.1
	...bis 36				
37	1	2	1	0.335	0.16
38	2	2	1	0.33	0.3
	..	..bis 6			
217	1	1	2	0.16	0.24
218	2	1	2	0.14	1.0
219	3	1	2 bis 9	0.138	0.2
.. bis 1944					

$$\text{Jahresmittel (IW1)} = 1/100 \cdot \sum C(i) \cdot H(i)$$

Mittelt man über alle Produkte C(i) · H(i) und dividiert durch die Gesamthäufigkeit, so erhält man den Jahresmittelwert der Immissionskonzentration am Punkt P(x,y,z). Sortiert man die Immissionen und die zugehörigen Häufigkeiten nach der Höhe der Immissionskonzentration, so kann man durch Aufsummieren der Häufigkeiten die Konzentration finden, die z.B. in nur 2% der Zeit überschritten wird.

Das ist entsprechend der Definition in Kap.2.3.1 der 98-Perzentilwert. Das Vorgehen zur Bestimmung des Perzentilwertes ist in der Tabelle 5.5 schematisch für die (ausgewählten) Daten aus der Tabelle 5.4 dargestellt.

Tabelle 5.5. Beispiel zur Bestimmung von 98-Perzentilwerten

	WR Klasse	St. Klasse	WG Klasse	C(i) mg/m³	H(i) %	Σ H(i) %
37	1	2	1	0,335	0,16	0,16
38	2	2	1	0,33	0,3	0,46
1	1	1	1	0,3	0,2	0,66
2	2	1	1	0,28	0,1	0,76
217	1	1	2	0,16	0,24	1,0
218	2	1	2	0,14	1	2,0
219	3	1	2	0,138	0,2	2,2

$$98\text{-Perzentilwert (IW2)} = \quad C(s) \quad \text{mit} \quad \Sigma H(s) < 2\%$$

Die Tabelle 5.5 ist nur zur Veranschaulichung des Vorgehens geeignet. Selbstverständlich müssen zur korrekten Ermittlung des 98-Perzentilwertes alle 1944 Immissionskonzentrationen entsprechend ihrer Größe sortiert werden. Addiert man die Häufigkeiten in der Spalte 6 auf, so bekommt man die kumulative Häufigkeit in der Spalte 7. Aus ihr kann der Perzentilwert direkt ablesen werden. In dem Beispiel der Tabelle 5.5 ergibt sich der 98-Perzentilwert zu 0,138 mg/m³. Diese Immissionskonzentration wird an dem Aufpunkt P(x,y,z) nur in 2% der Jahresstunde überschritten. Im Fall, daß die Schadstoffreisetzung zeitlich variabel ist, muß der Emissionstagesgang bei der Bestimmung des 98-Perzentilwertes berücksichtigt werden.

5.6 Gauß-Modell nach TA-Luft (1986)

Dem Buch liegt das Modell *TA_Gaus.exe*, ein TA-Luft (1986) konformes Gauß-Fahnenmodell zur Berechnung des Jahresmittelwertes der Immissionskonzentration bei. Berücksichtigt werden können die Emissionen einer einzelnen Quelle. Die Handhabung dieses Modells ist nachfolgend anhand eines Beispiels erläutert. Untersucht werden soll die räumliche Verteilung der Immissionskonzentrationen im Umkreis eines 50 m hohen Kamins in ebenem Gelände in einer Referenzhöhe von 2 m. Die Kenngrößen der Emissionsquelle sind in der Tabelle 5.6 zusammengefaßt.

Tabelle 5.6. Kenngrößen der Emissionsquelle

Anlage: Test		
Höhe des Kamins	H= 50 m	
Lage des Kamins	X = 0 m	Y = 0 m
Emission	100 kg/h	28 g/s
Volumenstrom	36,000 m³ /h	10 m³ /s
Ablufttemperatur	100°C	

Als Wind- und Ausbreitungsklassenstatistik soll die Datei Wind1.dat zugrunde gelegt werden. Gesteuert wird das Modell *TA-Gaus.exe* durch die Steuerdatei *Gaus.par*. Betrachten Sie diese Eingabedatei mit einem Editor wie z.B. dem Programm Word. Der Aufbau der Eingabedatei ist in der Abb.5.9 dargestellt.

```
sig.tal
erg.dat
wind1.dat
   50       250    2        10      100   28      0      0    -10   10  -10  10
  Hq(m)   D(m)  Rh(m)  V(m3/s)  T(C)  Q(g/s)  Xq    Yq   imi  ima  jmi  jma
```

Abb.5.9. Die Eingabedatei Gaus.par

In der ersten Zeile der Eingabedatei wird festgelegt, daß die Sigma-Parameter der TA-Luft (1986) (Kapitel 5.3.1) verwendet werden. Die Koeffizienten und Exponenten nach der Tabelle 5.1 sind in der Datei sig.par gespeichert. Die Ergebnisse der Rechnung sollen unter dem Namen erg.dat abgespeichert werden. Als Wind- und Ausbreitungsklassenstatistik wird die Datei Wind1.dat verwendet. Nun folgen die anlagen- und rasterspezifischen Kenngrößen. Die Einheiten, in welchen die Eingabe erfolgen muß, sind in der vierten Zeile der Steuerdatei aufgeführt. Im behandelten Beispiel beträgt die Höhe des Kamins 50 m, der Abstand zwischen zwei Aufpunkten[17] wird mit 250 m angesetzt. Die Rezeptorhöhe beträgt 2 m, der Abluftstrom 10 m^3/s. In der Eingabedatei ist weiterhin die Austrittstemperatur mit 100°C und der Emissionsmassenstrom mit 28 g/s festgelegt. Nun wird das Raster der Untersuchungspunkte und die Lage der Quelle relativ hierzu spezifiziert. Die Quelle befindet sich im vorliegenden Beispiel an der Stelle Xq=0 und Yq=0. Die TA-Luft (1986) schreibt vor, daß die Immissionen in einem Radius mit einem Abstand bis maximal zum 50-fachen der Kaminhöhe, d.h. im vorliegenden Fall bis in eine Entfernung von 2500 m ermittelt werden müssen. Berechnet werden sollen die Immissionen in x-Richtung von i_{mi}= -10, das ist bei einem Rasterabstand von 250m gleich –2500 m bis i_{ma}= +10, das sind 2500 m. Entsprechend reicht das Rechengitter in der y-Richtung von j_{mi} =-10 bis j_{ma}=+10, d.h. von y=-2500 m bis y=+2500 m. Das Gitter und die Lage der Quelle ist in der Abb.5.10 schematisch dargestellt. Insgesamt wird die Immissionskonzentration an 21·21, das sind 441 Punkten ermittelt.

---

[17] Aufpunkte für die Ausbreitungsrechnung sind die Schnittstellen eines quadratischen Gitternetzes mit Gitterweiten von 1000 m, 500 m, 250 m oder 125 m, je nach Anforderungen der TA-Luft.

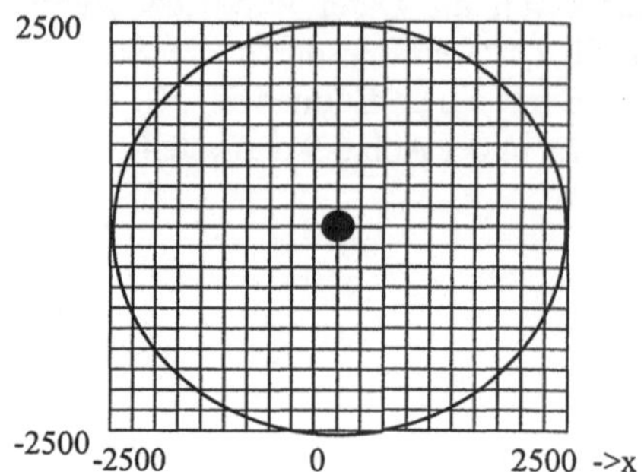

Abb.5.10. Rechengitter entsprechend den Vorgaben der Steuerdatei

Wenn Sie das Programm *TA_Gaus.exe* starten, werden die Eingabedaten eingelesen und angezeigt. Bestätigen Sie die Vorgaben mit Return, so beginnt die Rechnung. Eine Änderung der Eingabegrößen innerhalb des Programms ist nicht möglich, hierzu müssen Sie die Steuerdatei modifizieren. In der Erläuterung zur Durchführung einer Immissionsprognose nach TA-Luft (1986) ist vorgeschrieben, daß jedes 10° breite Windrichtungsintervall in 5 Subfahnen zu jeweils 2° unterteilt werden muß. Das heißt, daß für jeden Punkt 1944 · 5, das sind 9720 Einzelrechnungen entsprechend der Gl.(5.9) durchzuführen sind. Bei 441 Untersuchungspunkten ergeben sich in dem behandelten Beispiel insgesamt über 4 Millionen Einzelrechnungen, die unter Berücksichtigung der ortsabhängigen Sigma-Parameter und der Kaminfahnenüberhöhung durchgeführt werden müssen. Auch auf einem schnell getakteten Pentium-Rechner kann diese Berechnung bis zu einer halben Stunde dauern. Als Ergebnis erhält man für jeden Aufpunkt den Jahresmittelwert der Immissionskonzentration in g/m^3. Die Ergebnisdatei erg.dat ist in der Abb.5.11 auszugsweise abgedruckt und wie folgt aufgebaut. In der ersten Zeile steht die Anzahl der Aufpunkte in x- und y-Richtung gefolgt von dem Rasterabstand D.

```
21      21       250
-2500   -2500    1.38E-06
-2500   -2250    1.43E-06
-2500   -2000    1.46E-06
-2500   -1750    1.47E-06
-2500   -1500    1.45E-06
-2500   -1250    1.39E-06
-2500   -1000    1.28E-06
```

Abb.5.11. Anfang der Ergebnisdatei Erg.dat

Danach folgen die Koordinaten des jeweiligen Aufpunktes und die zugehörigen Jahresmittelwerte der Immissionskonzentrationen in g/m3. Auf die Ausgabe der

98-Perzentilwerte wurde verzichtet. Die Datei wird beendet mit der Information über die verwendete Windstatistik, Sigma-Parameter und Kamin- bzw. Rezeptorhöhe Hq und z, den Volumenstrom V, die Temperatur T, die Quellstärke Q und die Koordinaten der Quelle xq und yq. Das Ergebnis der beschriebenen Ausbreitungsrechnung ist in dem oberen Teil der Abb.5.12 in Isolinienform (in g/m^3) zusammen mit der zugehörigen Windrichtungsverteilung Wind1 dargestellt.

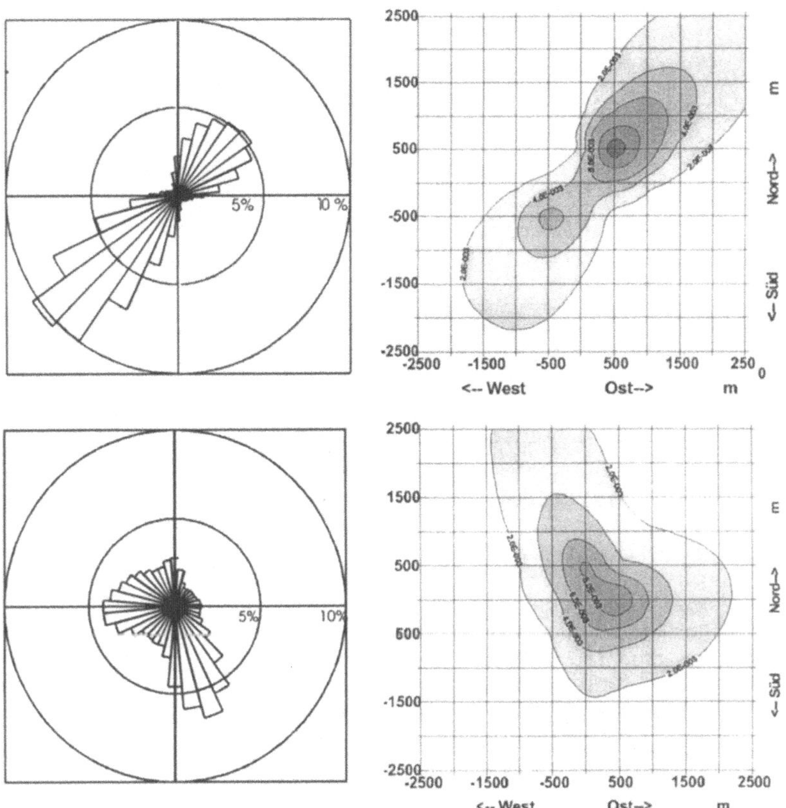

Abb.5.12. Windrichtungsverteilung und Isolinien der Jahresmittelwerte der Immissionskonzentration (IW1) für zwei unterschiedliche Ausbreitungsklassenstatistiken. Immissionen in g/m^3. Kenngrößen der Emissionsquelle siehe Text

Bei der Interpretation einer Isoliniendarstellung ist dabei zu beachten, daß die Ergebnisse nur an einer begrenzten Anzahl von Rasterpunkten errechnet wurden. Die Daten in den Zwischenbereichen wurden durch Interpolation gewonnen. Im vorliegenden Beispiel beträgt der Abstand der Aufpunkte 250 m, alle Informationen mit einer höheren räumlichen Auflösung können daher nicht punktgenau interpretiert werden. Ist man an Ergebnissen mit einer höheren räumlichen Auflösung interessiert, so ist die Ausbreitungsrechnung mit einem geringeren Rasterabstand durchzuführen. Wie man aus der Abb.5.12 erkennt, wird die räumliche Verteilung der Immissionskonzentration wesentlich von der Wind- und Ausbreitungsklassen-statistik bestimmt. Die maximalen Jahresmittelwerte sind bei der Verwendung der Statistik Wind1 aufgrund der häufigen Windrichtungen aus Südwest nordöstlich der Anlage zu finden. Ein Nebenmaximum liegt, bestimmt durch Winde aus nord-östlichen Richtungen südwestlich der Anlage. Bei der Windrichtungsverteilung Wind2 treten Winde aus dem gesamten nord- bis südwestlichen und aus dem süd-östlichen Bereich auf. Folglich sind die Jahresmittelwerte mit einer Immission von z.B. mehr als 0,002 mg/m^3 kreisförmig nach Osten ausgerichtet.

Nach den Vorgaben der TA-Luft (1986) werden nicht die Immissionen an den einzelnen Aufpunkten, sondern die Mittelwerte über eine Beurteilungsfläche mit den zugehörigen Grenzwerten verglichen. Unter einer Beurteilungsfläche wird in der TA-Luft (1986) eine quadratische Teilfläche des Beurteilungsgebietes mit einer Seitenlänge von 1 km x 1 km verstanden. Im Fall einer räumlich sehr un-gleichmäßig verteilten Belastung wie z.B. bei Quellhöhen kleiner 50 m sind die Beurteilungsfläche auf 500 m x 500 m zu verkleinern. Die Beurteilungsflächen sind so zu legen, daß die Ecken mit den 500'er oder 1000'er Koordinaten der Immissionsprognose zusammenfallen, so daß die Zusatzbelastung aus mindestens an 4 Aufpunkten berechneten Punktwerten ermittelt werden kann.

D.h. die Resultate der Immissionsprognose müssen noch gemittelt werden. Dies kann mit dem Programm *Mittel.exe* erfolgen. Jeweils 4 Konzentrationswerte einer Beurteilungsfläche werden zu einem Flächenmittelwert zusammengefaßt. Voraus-setzung ist, daß die Gitterpunkte in x- und y-Richtung äquidistant verteilt sind. Nach dem Aufruf des Programms *Mittel.exe* muß der Namen der zu bearbeitenden Datei und der Namen, unter der die Ergebnisse abgespeichert werden sollen, ein-gegeben werden. Daraufhin wird die räumliche Verteilung der Flächenmittelwerte graphisch ausgegeben. Cf$_{max}$ bezeichnet den maximalen Flächenmittelwert der Immissionskonzentration. Die räumliche Verteilung der Flächenmittelwerte der Ergebnisdatei Erg.dat ist in der Abb.5.13 dargestellt.

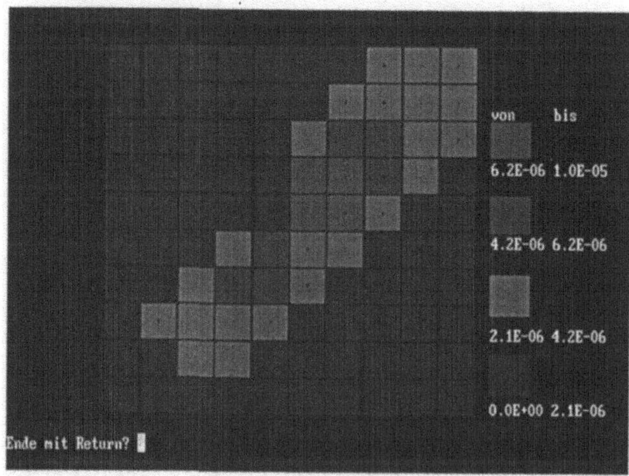

Abb.5.13. Darstellung der Flächenmittelwerte für den im Text beschriebenen Fall

5.7 Berücksichtigung einer gering ausgeprägten Topographie

Windkanaluntersuchungen und Analysen der Theorie von Potentialströmungen zeigen, daß die Ausbreitungsbedingungen bei einer Freisetzung in großen Höhen in nur schwach gegliedertem Gelände näherungsweise mit einem modifizierten Gauß-Fahnenmodell behandelt werden kann. Der Ansatz beruht darauf, daß man die Höhe der Schadgasfahne H_{eff} in Abhängigkeit der Geländehöhe h reduziert (Abb.5.14). Hierdurch wird berücksichtigt, daß die Trajektorie der Kaminabluft der Geländehöhe bei neutraler und labiler Schichtung zwar folgt, die Höhe der Fahne über Grund im Bereich der Erhebung jedoch geringer als die Schornsteinhöhe ist. Die dahinterstehende Theorie und der zu verwendende Ansatz ist ausführlich bei Blumen (1990) oder Hanna (1982) beschrieben. Bei stabiler Schichtung wird weiterhin berücksichtigt, daß es je nach der Hindernishöhe zu einem Auftreffen der Trajektorie auf die Geländeerhebung kommen kann. Der Ansatz ist z.B. dem Ausbreitungsmodell COMPLEX der amerikanischen Umweltbehörde EPA implementiert (Blumen, 1990). Der beschriebene Modellansatz berücksichtigt keine Modifikation des Strömungsfeldes und der Turbulenz. Gerade dies wird jedoch bei der Um- und Überströmung in einem topographisch gegliederten Gelände beobachtet.

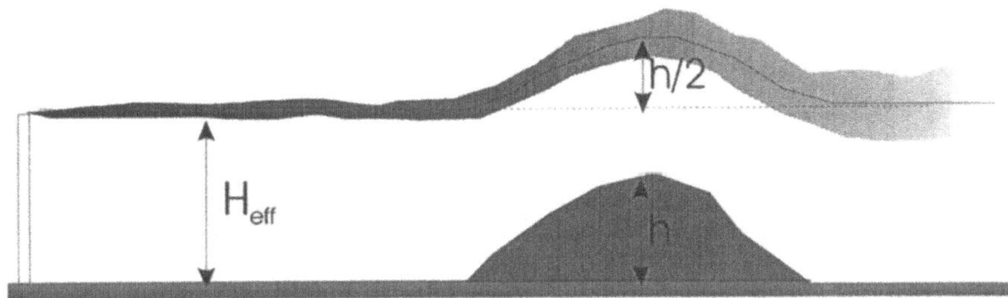

Abb.5.14. Schematische Darstellung, wie für eine gaußförmige Ausbreitungsmodellierung der Effekt eines schwach gegliederten Geländes bei neutraler atmosphärischer Schichtung berücksichtigt werden kann

Die Auswirkungen der Orographie auf das Strömungs- und Turbulenzfeld nehmen dabei mit der Höhe ab. Das bedeutet, daß ein derart modifiziertes Gauß-Fahnenmodell nur für Emittenten verwendet werden darf, deren effektive Quellhöhe groß im Vergleich zur Geländeerhebung ist. In allen anderen Fällen muß auf gekoppelte Windfeld-Ausbreitungsmodelle zurückgegriffen werden. Deren Ansatz wird im Kap.6 erläutert.

5.8   Gauß-Modell nach VDI 3782/ Blatt 1

Nach der VDI-Richtlinie 3782 Blatt 1 (Gauß-Fahnenmodell für Luftreinhalte-pläne) wird die Immissionskonzentration um eine punktförmige Emissionquelle nach der Gl.(5.11) berechnet. Hierbei werden die gleichen Sigma–Parameter wie bei dem TA-Luft-Modell verwendet.

$$C(x,y,z) = \frac{Q_o}{2\pi \cdot \overline{u}(x) \cdot \sigma_y(x) \cdot \sigma_z(x)} \cdot \exp\left(\frac{-y^2}{2 \cdot \sigma^2{}_y(x)}\right) \cdot$$

$$\left(\sum_{n=-\infty}^{+\infty} \exp\left(\frac{-\left(z - H_n^+(x)\right)^2}{2 \cdot \sigma^2{}_z(x)}\right) + a(x) \sum_{n=-\infty}^{+\infty} \exp\left(\frac{-\left(z - H_n^-(x)\right)^2}{2 \cdot \sigma^2{}_z(x)}\right)\right) \tag{5.11}$$

Die Gl.(5.11) ähnelt der Berechnungsmethode des Gauß-Fahnenmodells der TA-Luft (1986) Gl.(5.9). Die Summenterme ermöglichen zusammen mit dem Faktor a(x) eine explizite Behandlung der Sedimentation, trockenen und nassen Depositi-on sowie der chemischer Umwandlungen. Ausführlich ist das Modell bei Axenfeld et al. (1984) erläutert.

Bezüglich der Transportgeschwindigkeit bestehen zwischen dem Gauß-Fahnenmodell nach TA-Luft (1986) und VDI 3782 deutliche Unterschiede. Statt der Windgeschwindigkeit in der Freisetzungshöhe u_H wird in dem Modell nach der VDI-Richtlinie 3782 eine repräsentative Transportgeschwindigkeit entsprechend der Gl.(5.12) zugrunde gelegt.

$$\overline{u}(x) = \frac{\displaystyle\int_0^{h_M} u(z)C(x,0,z)\,dz}{\displaystyle\int_0^{h_M} C(x,0,z)\,dz} \tag{5.12}$$

Hierdurch erreicht man, daß nicht stets die Geschwindigkeit in der Emissionshöhe H, sondern die Geschwindigkeit in der Höhe des Zentrums der Schadgasfahne als Transportgeschwindigkeit zugrunde gelegt wird. Besonders im Fall einer boden-nahen Emission kann dies eine große Bedeutung haben, da hier mit der vertikalen Verbreiterung der Fahne eine starke Zunahme der Transportgeschwindigkeit ein-her geht. Auch die Höhenabhängigkeit der Windgeschwindigkeit weicht im VDI-Modell von der des TA-Luft-Modells ab. In dem Exponentialgesetz der Gl.(5.10) werden für den Exponenten n abgewandelte Werte vorgeschlagen (Tabelle 5.7). Eine Variation in Abhängigkeit der aerodynamischen Rauhigkeit ist möglich. Bei den Sigma-Parametern wurde diese Erweiterung jedoch nicht realisiert.

Tabelle 5.7. Abhängigkeit von n von der Ausbreitungsklasse

Ausbreitungsklasse	V	IV	III/2	III/1	II	I
n nach VDI 3782	0,12	0,14	0,18	0,26	0,32	0,37
n nach VDI 3782 für große Rauhigkeiten	0,2	0,31	0,31	0,31	0,48	0,52
n nach TA-Luft	0,09	0,2	0,22	0,28	0,37	0,42

Ein weitere Besonderheit gegenüber dem TA-Luft (1986) Modell besteht darin, daß auch variable Mischungsschichthöhen berücksichtigt werden. Hierbei wird eine Reflektion an der Untergrenze der Mischungsschicht analog zur Beschreibung im Kap.5.1.2 eingeführt. Die Höhe der Mischungsschicht wird dabei stabilitätsabhängig entsprechend den Daten der Tabelle 5.8 angesetzt.

Tabelle 5.8. Höhe der Mischungsschicht als Funktion der Ausbreitungsklasse

Ausbreitungsklasse	V	IV	III/2	III/1	II	I
Höhe der Mischungsschicht in m	1100	1100	800	800	250	250

5.9 Genauigkeit von Gauß-Fahnenmodellen

Dem Autor ist keine umfassende Fehleranalyse bekannt, mit der die Unsicherheiten von Gaußmodellen detailliert eingeschätzt werden können. Die meisten der hierzu veröffentlichten Studien beinhalten die Verifizierung oder den Vergleich ausgewählter Modelle anhand von ausgewählten Fallbeispielen. Hierbei muß jedoch berücksichtigt werden, daß z.B. die mögliche Abweichung zwischen einer Messung und der entsprechenden Immissionsprognose z.B. eines Jahresmittelwertes auf mehrere Effekte zurückgeführt werden kann. Fehlerquellen sind:

- Die Wind- und Ausbreitungsklassenstatistik. Besonders beim Übertragen von Statistiken einer benachbarten Station können große Fehler auftreten.
- Das Verfahren zur Berechnung der effektiven Kaminhöhe. Wie in Kap.5.5.3 erläutert ist, simulieren die meisten Modelle die realen Austrittsbedingungen mit stark vereinfachten Ansätzen.
- Horizontale Inhomogenität des Windfeldes.
- Unterschiede in der aerodynamischen Rauhigkeit und damit die Unsicherheit über die Anwendbarkeit der Sigma-Parameter.
- Systematische Fehler des Gaußmodells (siehe Kap.5.2).
- Fehler bei der Ermittlung der Gesamtbelastung aufgrund einer nicht genau bekannten Vorbelastung.

Es muß betont werden, daß es nur schwer möglich ist, durch die Auswahl eines einzelnen Vertreters Aussagen über die Genauigkeit einer gesamten Modellgruppe wie z.B. der Gauß-Fahnenmodelle zu machen. Es wurde z.B. beobachtet, daß die

Ergebnisse verschiedener Euler-Modelle für ein ausgewähltes Fallbeispiel untereinander zum Teil mehr voneinander abweichen, als die Resultate eines speziellen Gauß- und Euler-Modells (Päsler-Sauer, 1986). Da es kaum möglich ist, alle Modelle einzeln für verschiedene Situationen zu untersuchen, werden nachfolgend nur die sensitiven Parameter sowie Einzeluntersuchungen und Einschätzungen von Gauß-Fahnenmodellen diskutiert.

Sensitivitätsanalysen ergeben, daß die Unsicherheiten bei einer Ausbreitungsmodellierung mit einem Gauß-Fahnenmodell stark durch die möglichen Variationen der Sigma-y- und Sigma-z-Ausbreitungsparameter und die Transportgeschwindigkeit bestimmt werden. Es zeigt sich, daß die mit dem GaußFahnenmodell im Bereich der Fahnenachse prognostizierten KurzzeitImmissionen[18] bei labiler oder stabiler Schichtung alleine schon durch die mögliche Wahl der (von verschiedenen Autoren für vergleichbare Ausbreitungsbedingungen bestimmten) mittleren Ausbreitungsparameter um einen Faktor 2 bis 3 variieren können. Hierbei wird vorausgesetzt, daß alle notwendigen Anforderungen zur Anwendung des Gaußmodells erfüllt sind und die restlichen Eingangsparameter genau bekannt sind. Die Unsicherheit bei der Bestimmung des Jahresmittelwertes ist geringer, da die Abweichungen der von verschiedenen Autoren angegebenen Sigma-Parameter für unterschiedliche Ausbreitungsklassen zum Teil gegenläufig sind und für neutrale Schichtung um etwa 30%[19] differieren. Man kann somit erwarten, daß Prognosen des Jahresmittelwertes einer Immissionskonzentration, die häufig von Situationen mit neutraler Schichtung dominiert werden, auch bei genauer Kenntnis aller sonstigen meteorologischen Eingangsgrößen eine Unsicherheit von etwa 30% aufweisen können. Hierzu addieren sich die systematischen Fehler des Modellansatzes. Immissionsprognosen bei speziellen meteorologischen Situationen (die z.B. den 98-Perzentilwert prägen) wie z.B. bei stabiler Schichtung, weisen bezüglich der Sigma-Parameter eine Unsicherheit von bis zu einem Faktor von 2-3 auf. Dies deckt sich mit der Einschätzung von z.B. F. Paquill (zitiert in Gifford,1976). Er weist Gaußmodellen eine Genauigkeit von etwa 20% für Langzeitprognosen und von einem Faktor 2 für Kurzzeitszenarien zu, vorausgesetzt, daß sehr gute meteorologische Eingangsdaten zugrunde liegen und alle Bedingungen zur Anwendung dieses Modelltyps erfüllt sind. Die VDIRichtlinie 3782, Blatt 1 beurteilt den Unsicherheitsbereich des GaußFahnenmodells konservativer. Dort wird angegeben, daß der Jahresmittelwert mit einer Genauigkeit eines Faktors 2 berechnet werden kann. Der Faktor 2 berücksichtigt jedoch auch Fehlerquellen über die Sigma-Parameter hinaus. In einer Veröffentlichung der Gesellschaft für Umweltüberwachung (1979) wird das Verhältnis der prognostizierten zu den gemessenen Jahresmittelwerten in flachem Gelände mit 0,5 bis 2 angegeben, was sich mit der obigen Angabe deckt.

In der Literatur beschriebene Langzeit-Ausbreitungsexperimente in ebenem Gelände wie z.B. von Biniaris und Wilhelm[20] (1991) belegen, daß sich die progno-

---

[18] Mittelwert über eine Anzahl von Fällen vergleichbarer Ausbreitungssituationen. Gilt nicht für Einzelsituationen wie z.B. einzelne Stunden- oder Halbstundenmittelwerte.

[19] hier wurden Briggs- und TA-Luft-Werte verglichen, da beide Parametersätze häufig verwendet werden

[20] in der zitierten Untersuchung speziell für „hohe Emittenten"

stizierten und gemessenen Jahresmittelwerte der Immissionskonzentration mancherorts um bis zu einem Faktor 2, die zugehörigen 98-Perzentilwerte bis zu einem Faktor 4 unterscheiden können. Es finden sich jedoch auch Untersuchungen, bei denen die mit einem Gaußmodell prognostizierten (Langzeit-) Mittelwerte für drei verschieden weit entfernte Stationen nur um etwa +-30% von den zugehörigen Meßergebnissen abweichen (Levin und Münnich, 1992). Bei der zuletzt zitierten Untersuchung ist jedoch zu beachten, daß die Ausbreitungsexperimente in dem gleichen Areal durchgeführt wurden, in dem auch die Sigma-Parameter ermittelt wurden und sehr genaue meteorologische Eingangsdaten vorlagen.

6 Gekoppelte Windfeld-Ausbreitungsmodelle

Wenn ein Gauß-Fahnenmodell wegen orographischer oder lokalklimatischer Gegebenheiten oder aufgrund von Gebäudeeinflüssen nicht angewendet werden kann, muß die Ausbreitung und Verdünnung einer Schadgasfreisetzung unter Berücksichtigung eines berechneten Windfeldes ermittelt werden. Hierzu wird entweder die Advektions-Diffusionsgleichung auf einem dreidimensionalen Rechengitter gelöst oder ein Strömungs- mit einem Lagrangemodell gekoppelt. Das Vorgehen ist in der Abb.6.1 schematisch dargestellt.

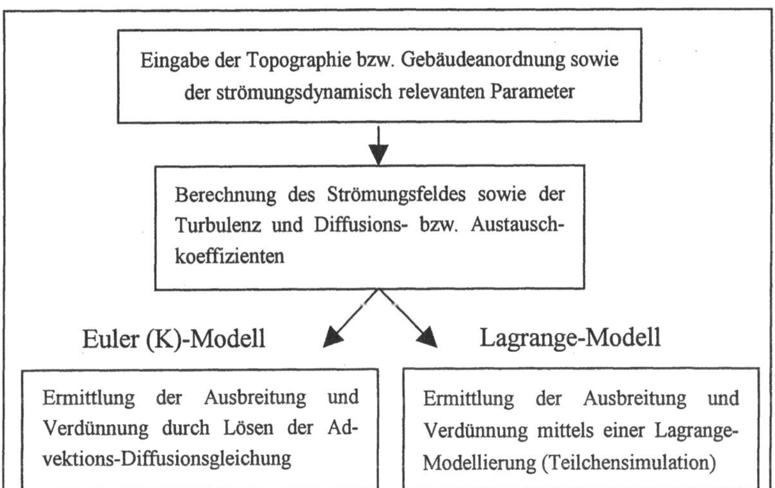

Abb.6.1. Schematische Darstellung einer Ausbreitungsmodellierung mit einem Euler- oder Lagrangemodell

Das bedeutet, daß vor der eigentlichen Ausbreitungsmodellierung eine Windfeldberechnung unter Berücksichtigung der

- Orographie oder Gebäudekonfiguration und Rauhigkeit
- meteorologischen Kenngrößen (Windrichtung, -geschwindigkeit, Stabilität)
- eventuell einzubeziehenden lokalklimatischen Effekte (Kaltluftabflüsse, thermische Windsysteme etc.) erfolgen muß. Hierfür werden numerische Windfeldmodelle eingesetzt.

6.1 Windfeldmodelle

Die genaue Kenntnis des dreidimensionalen Strömungs- bzw. Windfeldes ist eine unabdingbare Voraussetzung zur Modellierung der Schadstoffausbreitung in orographisch gegliedertem Gelände, beim Vorliegen lokaler Windsysteme oder in bebauten Arealen. Während einfache Interpolationsverfahren, mit denen das Strömungsfeld aus einigen, räumlich verteilten Meßdaten rekonstruiert werden (Goodin et al., 1979) oft unbefriedigende Ergebnisse lieferten, erwies sich der Einsatz von diagnostischen und prognostischen Windfeldmodellen als recht erfolgreich.

Windfeldmodelle werden nach ihrer Methodik in diagnostische und prognostische Modelle unterteilt. Weiterhin unterscheiden sie sich, je nachdem für welche Längenskalen sie anzuwenden sind. Wie in Kap.6.1.2 gezeigt wird, können in Abhängigkeit der Lineardimension des betrachteten Problems bestimmte Vereinfachungen durchgeführt werden.

Nach einem Vorschlag von Orlanski (1975) lassen sich den in der Atmosphäre auftretenden Prozessen bestimmte Längen- und Zeitskalen zuordnen. Phänomene mit einer Horizontalausdehnung in der Größenordnung von 2,5 km bis 2500 km werden als mesoskalig bezeichnet. Zu kleineren Längenskalen folgt der mikroskalige Bereich. Eine Unterteilung in z.B. Meso-α , -β und -γ ermöglicht eine Feingliederung. Für die praxisorientierte Ausbreitungsmodellierung interessiert i.allg. im Bereich der Stadtplanung oder der kleinräumigen Immissionsprognose die Mikro-α-, β-, und γ-Skala von 2,5 m bis etwa 2,5 km und bei Fragen zur Genehmigungspraxis höherer Emittenten auch die Meso-γ-Skala bis in eine Entfernung von etwa 25 km.

6.1.1 Diagnostische Strömungsmodelle

Diagnostische Windfeldmodelle modifizieren ein vorgegebenes Windfeld unter Berücksichtigung der Topographie oder einer Gebäudeanordnung derart, daß eine Massen konsistene, d.h. divergenzfreie Strömung erreicht wird. Aufbauend auf ersten grundlegenden Arbeiten von Sasaki (1970) entwickelte Sherman (1978) ein numerisches Modell, das ein geschätztes Windfeld so variiert, daß eine divergenzfreie Strömung resultiert. Das Vorgehen soll nachfolgend anhand der Abb.6.2 für eine Hügelüberströmung erläutert werden.

Zur Vereinfachung beschränkt sich die Diskussion auf eine zweidimensionale Betrachtung wobei die Gleichungen jedoch für drei Dimensionen formuliert sind. In einem ersten Schritt wird das Koordinatensystem und die zu untersuchende Orographie festgelegt. Hier wurde ein horizontal und vertikal äquidistantes, karthesisches Gitter verwendet. Danach wird das Initial-Windfeld ermittelt. Am Oberrand des Untersuchungsgebietes herrscht überall die gleiche Strömungsgeschwindigkeit u_{ref}, an der Obergrenze der Orographie beträgt die Geschwindigkeit 0 m/s.

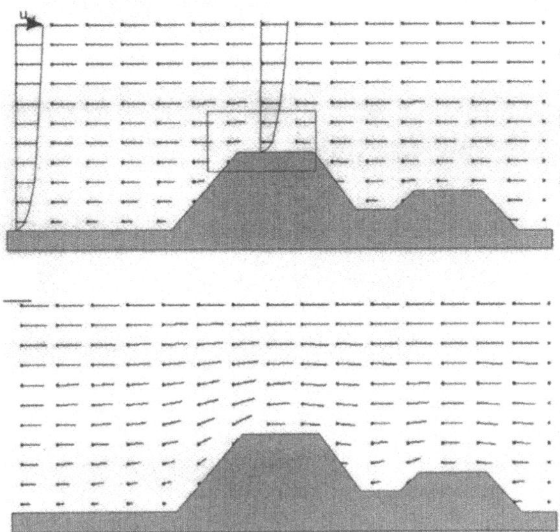

Abb.6.2. Vorgehen bei der Modellierung eines Windfeldes mit Hilfe eines diagnostischen Modells. Im oberen Teil ist das „geschätzte" Ausgangswindfeld $\vec{u}_o(x,z)$, im unteren Teil das divergenzfreie Windfeld $u(x,z)$ dargestellt

Im restlichen Untersuchungsgebiet ergibt sich die Windgeschwindigkeit $\vec{u}_o(x,y,z)$ mit Hilfe des logarithmischen oder Exponentialgesetzes (Gl.(4.1) bzw. (4.2)). Hierbei wird die aerodynamischen Rauhigkeit und die Stabilität über die Parameter z_0 bzw. n und über eine Funktion $f(z/L_*)$ berücksichtigt. Die Vertikalkomponente der Windgeschwindigkeit ist überall gleich 0 m/s. Die so erhaltenen Windvektoren sind im oberen Teil der Abb.6.2 dargestellt. Exemplarisch ist das zugehörige Windprofil am linken Einströmrand und auf der höchsten Erhebung als durchgezogene Linie eingezeichnet. Das auf diese Weise ermittelte Windfeld $\vec{u}_o$ ist jedoch nicht realistisch, da es die Massenerhaltung verletzt. Dies ist nachfolgend anhand der Abb.6.3 für den in der Abb.6.2 umrandet dargestellten Bereich erläutert.

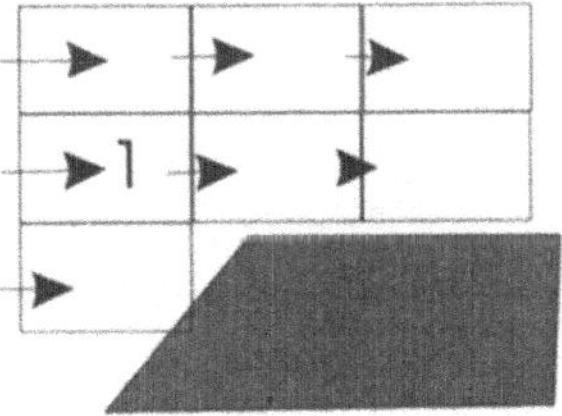

Abb.6.3. In dem geschätzten Windfeld ist die Massenerhaltung verletzt.

Bei dem Windfeld $\vec{u}_{o(x,z)}$ strömt von links mehr in das mit 1 bezeichnete Kontrollvolumen ein als nach rechts ausfließt[21]. Dies ist physikalisch nicht sinnvoll, da das Strömungsmedium als inkompressibel angenommen wird und somit die Masse erhalten bleiben muß. Die Kontinuität ist erfüllt, wenn gilt[22]:

$$\frac{\partial u}{\partial x} + \frac{\partial v}{\partial y} + \frac{\partial w}{\partial z} = div\,\vec{u} = 0 \tag{6.1}$$

Ziel ist es, das „geschätzte", ursprüngliche Windfeld $\vec{u}_o(x,y,z)$ (Abb.6.2 oben) so zu modifizieren, daß eine divergenzfreie Strömung $\vec{u}(x,y.z)$ entsteht. Fordert man, daß diese Korrektur keinen Einfluß auf die Rotation (Wirbelstärke) des Windfeldes hat, so kann man ableiten, daß das „Korrekturfeld" $\vec{u}(x,y,z)$ als Gradient eines Skalarfeldes $\lambda(x,y,z)$ und des ursprünglichen Windfeldes $\vec{u}_o(x,y,z)$ darstellbar sein muß

$$u = u_0 + \frac{1}{2\alpha_1^2} \cdot \frac{\partial\lambda}{\partial x} \tag{6.2}$$

$$v = v_0 + \frac{1}{2\alpha_1^2} \cdot \frac{\partial\lambda}{\partial y} \tag{6.3}$$

$$w = w_0 + \frac{1}{2\alpha_2^2} \cdot \frac{\partial\lambda}{\partial z} \tag{6.4}$$

Setzt man die Gl.6.2 bis 6.4 in die Kontinuitätsgleichung 6.1 ein, so ergibt sich (mit räumlich konstanten α's) für das Skalarfeld $\lambda(x,y,z)$ die elliptische Differenzialgleichung 6.5

$$\frac{\partial^2\lambda}{\partial x^2} + \frac{\partial^2\lambda}{\partial y^2} + \left(\frac{\alpha_1^2}{\alpha_2^2}\right) \cdot \frac{\partial^2\lambda}{\partial z^2} = -2\alpha_1^2 \left(\frac{\partial u_o}{\partial x} + \frac{\partial v_o}{\partial y} + \frac{\partial w_o}{\partial z}\right) \tag{6.5}$$

Die Gl.6.2 bis 6.5 bilden die Grundlage für ein Variationsverfahren zur Minimierung der Divergenz des Windfeldes. Zur Berechnung des „korrigierten" Windfeldes löst man die Gl.(6.5) unter Berücksichtigung der Randbedingungen. Hierfür kann z.B. die SOR-Methode (Successive Overrelaxation, siehe z.B. Press et al., 1989) herangezogen werden. Durch Einsetzen des ermittelten Skalarfeldes $\lambda(x,y,z)$ in die Gl.6.2 bis Gl.6.4 ist die Horizontal- und Vertikalkomponente des veränderten Windfeldes bestimmt. Als Resultat erhält man ein modifiziertes Strömungsfeld, dessen Divergenz mit Fortschreiten der Variationsrechnung gegen 0 geht. Die Rechnung wird abgebrochen, wenn die Divergenz einen bestimmten vorgegebenen Wert unterschreitet (Abb.6.2 unten). Die Faktoren α_1 und α_2 werden als Transmis-

---

[21] Es sei betont, daß im vorliegenden Beispiel nur eine zweidimensionale Betrachtung in x- und z-Richtung erfolgt. Das heißt, ein seitliches Ausweichen der Strömung in y-Richtung ist nicht möglich.

[22] Auch wenn in dem Beispiel der Abb.6.2 nur der zweidimensionale Fall betrachtet wird, sind die Gleichungen vollständig dreidimensional ausgeführt.

sionskoeffizienten bezeichnet. Sie sind Wichtungsgrößen im Variationsverfahren, mit denen das Ausmaß der Korrektur in horizontaler bzw. vertikaler Richtung bestimmt werden kann. Es ist anzumerken, daß es auch Verfahren gibt, welche die Gl.6.5 direkt lösen (Fast Fourier-Transformation; siehe z.B. Moussiopoulos, 1987).

Die schrittweise Modifikation des ursprünglichen Windfeldes hin zur divergenzfreien und damit massenkonsistenten Strömung kann mit Hilfe des Programms Diag*wf.exe* veranschaulicht werden. Am Anfang wird das Start-Windfeld über einem Geländesprung anhand der Windvektoren angezeigt. Die grünen Balken verdeutlichen, wie stark die Kontinuitätsgleichung 6.1 in jedem Kontrollvolumen verletzt ist. Durch einmaliges Drücken der Return-Taste schreitet man in dem Variationsverfahren um einen Schritt voran. Das Windfeld wird modifiziert und die Massenerhaltung verbessert. Am Ende liegt ein nahezu divergenzfreies und damit massenkonsistentes Windfeld vor.

6.1.1.1 Koordinatentransformation

In den meisten diagnostischen Windfeldmodellen wird statt eines karthesischen ein der Orographie folgendes Koordinatensystem verwendet. Hierdurch ist eine bessere vertikale Auflösung des Windfeldes im bodennahen Bereich möglich. Zwischen den karthesischen und den der Orographie angepaßten Koordinaten x^i besteht folgender Zusammenhang:

$$x^1 = x$$
$$x^2 = y$$
$$x^3 = \eta = \frac{z - h(x,y)}{H - h(x,y)} \tag{6.6}$$

Hierbei ist mit h(x,y) die Höhe der Orographie und mit H eine zeitlich und räumlich feste Modellobergrenze bezeichnet. Die neue vertikale Koordinate η variiert zwischen 0 (Geländeobergrenze) und 1 (Modellobergrenze). In der Abb.6.4 sind einige Linien mit konstantem η in einem der Orographie folgenden Koordinatensystem dargestellt. In einem geänderten Koordinatensystem müssen auch die Modellgleichungen modifiziert werden, da die räumlichen Differenzen nun ortsabhängig sind. Hierzu führt man neue, kovariante Basisvektoren ein, auf welche die Modellgleichungen transformiert werden (siehe z.B. Moussiopoulos, 1987).

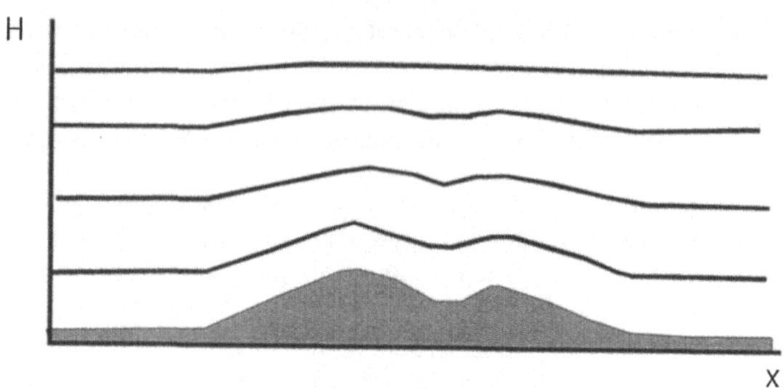

Abb.6.4. Der Orographie folgendes Koordinatensystem

6.1.1.2 Transmissionskoeffizienten

Die beiden in der Gl.(6.1) bis (6.4) eingeführten Koeffizienten α_1 und α_2 sind für das resultierende, divergenzfreie Windfeld von entscheidender Bedeutung. Durch die Wahl justiert man die Änderung der vertikalen relativ zur horizontalen Windkomponente, wodurch das Verhältnis von Um- zu dem Überströmen von topographischen Hindernissen gesteuert werden kann. Ältere diagnostische Modelle (z.B. Sherman, 1978) gehen davon aus, daß die α-Parameter im gesamten Untersuchungsgebiet konstant sind. Neuerdings versucht man die Koeffizienten orts- und stabilitätsabhängig zu parametrisieren[23]. Zur Vertiefung sei z.B. auf Arbeiten von Moussiopoulos (1987) oder Ross et al. (1988) verwiesen.

6.1.1.3 Einschränkungen

Die Modifikation des vorgegebenen Windfeldes hin zu einer massenkonsistenten Strömung, d.h. die Erfüllung der Kontinuitätsgleichung ist der einzige physikalische Hintergrund von diagnostischen Windfeldmodellen. Thermisch induzierte Strömungen, wie z.B. Tal- und Bergwindsysteme, Kaltluftabflüsse u.ä., aber auch dynamische Effekte wie z.B. die Ausbildung von Wirbeln hinter Geländeerhebungen oder Gebäuden können mit diagnostischen Windfeldmodellen nicht explizit berechnet werden.

6.1.1.4 Genauigkeit

Ausgewählte Vergleiche zwischen den prognostizierten und gemessenen Windverhältnissen zeigen, daß diagnostische Windfeldmodelle unter korrekten Anwendungsvoraussetzungen für die Berechnung des Strömungsfeldes oder auch für die Übertragung einer Jahreswindstatistik qualitativ vergleichsweise gute Ergebnisse liefern (Schuhmacher 1992, Brücher et al. 1994).

---

[23] Für variable α-Parameter ergibt sich eine komplexere Differenzialgleichung als die Gl.6.5

Hierbei muß jedoch gewährleistet sein, daß

- die maximale Geländeneigung weniger als etwa 6°-10° [24] beträgt
- keine lokale Windsysteme vorherrschen
- Wetterlagen mit labiler Schichtung nicht dominieren.

6.1.1.5 Vorteile

Diagnostische Windfeldmodelle zeichnen sich durch geringe Rechenzeiten aus. Weiterhin ist das ermittelte Strömungsfeld von der Windgeschwindigkeit unabhängig und somit skalierbar. Hierdurch ist es möglich, die große Anzahl von Windfeldern, die bei der Berechnung von Jahresmittel- und 98-Perzentilwerten benötigt werden, mit einem vertretbaren Zeitaufwand bereitzustellen. Das Verfahren wird derzeit auch erfolgreich angewendet, um Windstatistiken in topographisch gegliedertem Gelände von einem Standort zu einem anderen zu übertragen (synthetische Windstatistik). Für Details zu dieser Methode sei z.B. auf die Arbeit von Brücher (1993) verwiesen. In der Tabelle 6.1 sind die wesentlichen Merkmale und Leistungskriterien von diagnostischen Windfeldmodellen zusammengefaßt dargestellt.

Tabelle 6.1. Merkmale und Leistungskriterien diagnostischer Windfeldmodelle

Diagnostische Windfeldmodelle	
Vorteile	Zeitökonomisches Verfahren. Die Berechnung einer großen Anzahl von Strömungsfeldern als Grundlage zur Ermittlung von statistischen Kenngrößen ist möglich
Nachteile	Die Kontinuitätsgleichung und die Erstellung des Initialwindfeldes sind die einzigen physikalischen Grundlagen. Hierdurch kommt es zu Einschränkungen in den Anwendungsbereichen.
Anwendungs-möglichkeiten	Windfeldmodellierung in topographisch moderat gegliedertem Gelände. Übertragung von Windstatistiken.

6.1.2 Prognostische Strömungsmodelle

Im Gegensatz zu den diagnostischen Modellen werden in prognostischen Windfeldmodellen die strömungsdynamischen Grundgleichungen verwendet. Im wesentlichen sind dies die Gleichung für die

- Impulserhaltung (Bewegungsgleichung)
- Massenerhaltung (Kontinuitätsgleichung)
- Energieerhaltung (erster Hauptsatz der Thermodynamik)
- Erhaltungsgleichung für die Feuchte

---

[24] dann tritt nach Taylor et al. (1987) keine Strömungsablösung in Lee der Geländeerhebung auf

Eine ausführliche Beschreibung der strömungsdynamischen Grundgleichungen findet sich z.B. in Pielke (1984) oder in Stull (1991). Der Gleichungssatz wird in den prognostischen Strömungsmodellen jedoch oft nicht vollständig behandelt. Welche Prozesse in einem prognostischen Modell noch berücksichtigt werden, hängt im Wesentlichen von der Skala des betrachteten Problems, der geforderten Genauigkeit sowie der verfügbaren Rechnerleistung ab. Je nach Problemstellung ist es möglich, bestimmte Näherungen vorzunehmen und den Satz der zu lösenden Gleichungen damit zu reduzieren. Dies soll nachfolgend für die horizontale und vertikale Bewegungsgleichung erläutert werden.

6.1.2.1 Horizontale Bewegungsgleichung

Betrachtet werden soll eine horizontale Komponente der Bewegungsgleichung. Die Beschleunigung eines Luftpaketes ergibt sich als Resultierende von Trägheits-, Druck- und Corioliskraft zu (siehe z.B. Pielke, 1984).

$$\frac{\partial v}{\partial t} = -u\frac{\partial v}{\partial x} - v\frac{\partial v}{\partial y} - w\frac{\partial v}{\partial z} - \frac{1}{\rho}\frac{\partial p}{\partial y} - 2\,u\Omega\sin\phi \tag{6.7}$$

Hierbei bezeichnet p den Druck, ρ die Dichte, Ω die Winkelgeschwindigkeit der Erde und ϕ die geographische Breite. Der letzte Term in der Gl.(6.7) beschreibt den Einfluß der Coriolis-Kraft, die durch die Bewegung in einem rotierenden Bezugssystem, nämlich durch die Rotationsbewegung der Erde auftritt.

Der Vergleich der Trägheits- mit der Corioliskraft ermöglicht eine Einschätzung, unter welchen Voraussetzungen man die mit der Erdrotation zusammenhängenden Terme vernachlässigen kann. Hierfür wird die Rossby–Zahl R_o herangezogen. Diese Größe bezeichnet das dimensionslose Verhältnis der Trägheits- zu den Corioliskräften und ergibt sich zu $|u|/(f\cdot L)$, wobei $f = 2\cdot\Omega\cdot\sin\phi$ der Coriolisparameter, $|u|$ der Betrag der Windgeschwindigkeit und L eine für des Strömungsproblem typische horizontale Längenskala bezeichnet. Ist die Rossby-Zahl viel größer als 1, so kann die Corioliskraft gegenüber der Trägheitskraft vernachlässigt werden. Der Coriolisparameter ergibt sich z.B. für eine geographische Breite von 45° zu ca. $10^{-4}\,s^{-1}$. Mit einer Windgeschwindigkeit von 10 m/s und einer Längenskala von 1000 m erhält man eine Rossby-Zahl von 100. Das bedeutet, daß Corioliseffekte in mikroskaligen Modellen in erster Näherung vernachlässigt werden können. Betrachtet man jedoch mesoskalige Strömungsvorgänge, die durch Lineardimensionen von z.B. 50 km und Windgeschwindigkeiten von 20 m/s geprägt sind, so wird die Rossby-Zahl R_o gleich 1. Das bedeutet, daß Coriolis-Terme in den Bewegungsgleichungen der mesokaligen Modelle berücksichtigt werden müssen.

6.1.3 Vertikale Bewegungsgleichung

Die vertikale Komponente der Bewegungsgleichung ergibt zu (siehe z.B. Pielke (1984):

$$\frac{\partial w}{\partial t} = -u \cdot \frac{\partial w}{\partial x} - v \cdot \frac{\partial w}{\partial y} - w \cdot \frac{\partial w}{\partial z} - \frac{1}{\rho} \cdot \frac{\partial p}{\partial z} - g + 2u \cdot \Omega \cos\phi \tag{6.8}$$

Wie man aus der Gl.(6.8) erkennt, wirkt sich die Corioliskraft auch auf die vertikale Beschleunigung aus. Die Signifikanz des Coriolis-Terms kann entsprechend dem Vorgehen in Kap.6.1.2.1 abgeschätzt werden. Eine weitere, wesentliche Vereinfachungen der Gl.(6.8) ergibt sich durch die hydrostatische Approximation bzw. die Filterung (Kap.6.1.3.2).

6.1.3.1 Hydrostatische Approximation

In der atmosphärischen Grenzschicht unterscheidet man zwei Arten von Druckänderungen. Dynamische Druckvariationen werden durch Änderungen der Windgeschwindigkeit, statische Druckänderungen durch Dichteänderungen der Luftmassen verursacht. Vernachlässigt man die dynamischen Druckschwankungen, so spricht man von der hydrostatischen Approximation. Es zeigt sich, daß die dynamischen Druckänderungen bei Fragestellungen in der Mikroskala dominieren, die hydrostatische Approximation somit in mikroskaligen Strömungsmodellen nicht angewendet werden darf.

6.1.3.2 Gefiltertes Gleichungssystem

Die Lösungen des vollständigen Satzes der Grundgleichungen beinhalten sämtliche strömungsdynamischen Prozesse die in der Atmosphäre auftreten können. Dazu gehören z.B. auch Schallwellen, die sich über Druckschwankungen aus der prognostischen Kontinuitätsgleichung (6.9) ergeben.

$$\frac{\partial \rho}{\partial t} + \frac{\partial}{\partial x}(\rho\, u) + \frac{\partial}{\partial y}(\rho\, v) + \frac{\partial}{\partial z}(\rho\, w) = 0 \tag{6.9}$$

Die sehr hohe Ausbreitungsgeschwindigkeit der Schallwellen erfordert bei der numerischen Lösung der Grundgleichungen sehr kleine Zeitschritte und vervielfacht dadurch den Rechenaufwand. Da Schallwellen meteorologisch jedoch nicht relevant sind, versucht man sie als mögliche Lösung der Differentialgleichungen auszuschließen. Dies geschieht durch eine Filterung, die z.B. dadurch erreicht werden kann, daß man lokale zeitliche Änderungen der Dichte gegenüber der Divergenz des Massenflusses vernachlässigt.

Hiermit ergibt sich die anelastische Approximation der Kontinuitätsgleichung

$$\frac{\partial}{\partial x}(\rho\, u) + \frac{\partial}{\partial y}(\rho\, v) + \frac{\partial}{\partial z}(\rho\, w) = 0 \tag{6.10}$$

Zusätzlich wird die Dichte oft als konstant angenommen, bzw. davon ausgegangen, daß sich lokale Dichtunterschiede unmittelbar ausgleichen. Aus der Gl.(6.10) folgt damit unmittelbar die Gleichung für ein divergenzfreies Windfeld.

$$\frac{\partial u}{\partial x} + \frac{\partial v}{\partial y} + \frac{\partial w}{\partial z} = 0 \tag{6.11}$$

Wenn die Luftdichte als konstant angenommen wird und Dichteschwankungen nur im Auftriebsterm der vertikalen Bewegungsgleichung berücksichtigt werden, so bezeichnet man dies als Boussinesq-Approximation.
Eine andere Möglichkeit die Schallwellen zu filtern besteht darin, die vertikale Bewegungsgleichung in einer hydrostatisch approximierten Form entsprechend der Gl.(6.12) zu verwenden.

$$\frac{\partial p}{\partial z} = -\,g\rho \tag{6.12}$$

Die hydrostatische Approximation entspricht der Annahme, daß die Auftriebsbeschleunigung vollständig und ohne Zeitverzug durch den vertikalen Druckgradienten ausgeglichen wird. Wie der Vergleich mit der Gl.(6.8) zeigt, bedeutet dies, daß die zeitliche Änderung der Vertikalgeschwindigkeit und die Corioliskraft vernachlässigt wird.

6.1.3.3 *Anwendungsbereich der Approximationen*

Bezeichnet man die Horizontal- und Vertikalausdehnung des zu untersuchenden Phänomens mit L_x und H_x so gilt die hydrostatische Approximation nach Pielke (1984) bei mesoskaligen Strömungen für die Bedingung, daß das Verhältnis $H_x/L_x \leq 1$ ist. Schlünzen und Schatzmann (1984) geben an, daß die hydrostatische Approximation im allgemeinen für Phänomene mit einer horizontalen Ausdehnung von ca. 10 km und mehr angewendet werden darf. Hydrostatische Windfeldmodelle, wie z.B. das mesoskalige Modell Rewimet (VDI-Richtlinie 3783, Blatt 6) können somit für kleinräumige Fragestellungen nicht angewendet werden. Eine Übersicht über den Gültigkeitsbereich unterschiedlicher Modellapproximationen findet sich z.B. in Schlünzen und Schatzmann (1984) und ist in der Tabelle 6.2 zusammengefaßt dargestellt.

Tabelle 6.2. Gültigkeitsbereich einiger Approximationen zur Vereinfachung der Bewegungsgleichungen (nach Schlünzen und Schatzmann, 1984)

Skala	Charakteristische		Hydrostatische Anelastische		Divergenz-	Coriolis-
	Länge	Zeit	Approximation		freiheit	kraft
Meso-γ	2,5 km – 25 km	Einige Stunden	Gültig für $L_s >$ 6-10 km	gültig	gültig	vernach-lässigbar
Mikro-α	250 m – 2500 m	Einige Minuten bis ½ Stunde	nicht gültig	gültig	gültig	vernach-lässigbar
Mikro-β	25 m – 250 m	Einige Minuten	nicht gültig	gültig	gültig	vernach-lässigbar
Mikro-γ	< 25 m	< 1 Minute	nicht gültig	gültig	gültig	vernach-lässigbar

6.2 Turbulenzschließung

Die strömungsdynamischen Grundgleichungen können numerisch nicht an jedem Punkt und in beliebig kleinen Zeitschritten, sondern nur auf einem finiten Differenzengitter gelöst werden. Alle subskaligen Prozesse, d.h. Änderungen der Variablen in Bereichen, die kleiner als der Abstand des Rechengitters sind, werden hierdurch nicht erfaßt. Deshalb versucht man diese subskaligen Prozesse unter Verwendung geeigneter Verfahren zu parametrisieren. Hierzu spaltet man die Variablen, wie schon in Kap.3.1.2.6 für das Produkt aus der Geschwindigkeit und der Konzentration beschrieben, in einen mittleren und einen fluktuierenden Anteil auf.

$$u = \bar{u} + u' \qquad w = \bar{w} + w'$$

Hierdurch kommt z.B. bei der horizontalen Bewegungsgleichung (6.7) ein Term mit den korrelierten Geschwindigkeitsfluktuationen in x- und z-Richtung hinzu.

$$\frac{\partial (\bar{u} + u') \cdot (\bar{w} + w')}{\partial z} = \frac{\partial}{\partial z}(\bar{u} \cdot \bar{w}) + \frac{\partial}{\partial z}(u' \cdot w') + \frac{\partial}{\partial z}(\bar{u} \cdot w') + \frac{\partial}{\partial z}(u' \cdot \bar{w})$$

Durch Mittelung fallen (in Analogie zur Beschreibung in Kap.3.1.2.6) Terme heraus und in der Bewegungsgleichung tritt, wie z.B. in Stull (1991) gezeigt ist, ein Term mit den korrelierten Geschwindigkeitsfluktuationen in x- und z-Richtung, der turbulente Impulsfluß (d.h. die „Reibungskraft") auf.

$$\frac{\partial v}{\partial t} = \ldots\ldots\ldots - \frac{\partial \overline{(v' \cdot w')}}{\partial z} \tag{6.13}$$

Um die Gl.(6.13) zu „schließen", muß der turbulente Fluß parametrisiert werden. Die Methoden zur Erfassung der subskaligen Flüsse bezeichnet man als Schließungsverfahren.

Entsprechend den Ansätzen der Turbulenztheorie werden die Produkte fluktuierender Größen entweder

- aus den mittleren Werten abgeleitet (Schließung 1. Ordnung)
- aus den prognostischen Gleichungen für die Fluktuationen ermittelt (Schließungshypothese höherer Ordnung)

6.2.1 Schließung erster Ordnung

Bei einer Schließung erster Ordnung werden die subskaligen, turbulenten Flüsse in Abhängigkeit des lokalen Gradienten der transportierten Größe parametrisiert (siehe auch Kap.3.1.2.4). Man unterscheidet 0-, 1- und 2-Gleichungs-Modelle. Für eine Variable Φ ergibt sich der turbulente Fluß bei den 0-Gleichungs-Modellen zu

$$\overline{\Phi' \cdot u_i'} = - K \cdot \frac{\partial \Phi_i}{\partial n_i} \quad mit \quad i = 1, 2, 3 \tag{6.14}$$

Der Schließungsansatz nach der Gl.(6.14) wird als Gradient-Transport- oder K-Ansatz bezeichnet. Für z.B. den vertikalen Impulstransport ergibt sich aus der Gl.(6.14)

$$\overline{u' \cdot w'} = - K_m \cdot \frac{\partial u}{\partial z} \tag{6.15}$$

Der turbulente Diffusionskoeffizient wird in numerischen Strömungsmodellen dabei üblicherweise entweder

- als Funktion der Höhe und der Zeit vorgegeben (Gl.6.16)
- über einen Mischungswegansatz berechnet (Gl.6.17)
- über einen Zusammenhang mit der turbulent kinetischen Energie E (Gl.6.18)
- oder über den Zusammenhang mit der turbulent kinetischen Energie E und der turbulenten Energiedissipation ε (Gl.6.19) abgeleitet

$$K_m = K(z) \tag{6.16}$$

$$K_m = l^2 \cdot \sqrt{\left(\frac{\partial u}{\partial z}\right)^2 + \left(\frac{\partial v}{\partial z}\right)^2} \tag{6.17}$$

$$K_m = l \sqrt{c \cdot E} \tag{6.18}$$

$$K_m = C \cdot \frac{E^2}{\varepsilon} \tag{6.19}$$

Hierbei bezeichnet E die turbulent kinetische Energie. C ist eine empirische Konstante.

$$E = \frac{1}{2}\left(\overline{u'^2} + \overline{v'^2} + \overline{w'^2}\right) \tag{6.20}$$

Eine Erläuterung, wie die Mischungslänge l bestimmt werden kann, findet sich in Kap.6.3. Wird die Gl.(6.18) verwendet, so muß zusätzlich eine prognostische Gleichung für die turbulent kinetische Energie gelöst werden. Man spricht deshalb von einem 1-Gleichungsmodell.

Bei 2-Gleichungsmodellen müssen zwei zusätzliche Gleichungen gelöst werden. Hierdurch entfällt die Parametrisierung des Mischungsweges. Ein Vertreter dieser Gruppe ist das E-ε-Modell mit einem Ansatz entsprechend der Gl.(6.19) (siehe z.B. Rodi, 1984), in dem der Austauschkoeffizient K aus den jeweiligen lokalen Werten der kinetischen Tubulenzenergie E und der turbulenten Energiedissipation ε ermittelt wird. In der Ingenieurliteratur wird das Verfahren nach der turbulent kinetischen Energie häufig auch als K-ε-Modell bezeichnet.

6.2.2 Schließung höherer Ordnung

Der Verzicht auf den Gradientenansatz (6.14) führt zu komplizierten Turbulenzmodellen. Bei einer Turbulenzschließung zweiter Ordnung werden für alle Produkte zweier korrelierender Größen prognostische Gleichungen aufgestellt. Die entstehenden Gleichungen benötigen neue Schließungsannahmen für die nun auftauchenden Korrelationen aus 3 Termen. Bereits bei der Schließung zweiter Ordnung sind es über 10 zusätzliche Gleichungen, die gelöst werden müssen. Schließungsansätze höherer Ordnung sind den Ansätzen erster Ordnung besonders im Fall auftriebsbehafteter Turbulenz deutlich überlegen. Wegen ihres hohen Rechenaufwandes konnten sich solche Schließungsmethoden in der praxisorientierten Ausbreitungsmodellierung bislang jedoch noch nicht durchsetzen.

6.3   Bestimmung der Austauschkoeffizienten

Im Kap.6.2 wurden unterschiedliche Möglichkeiten zur Turbulenzschließung und damit zur Parametrisierung der Austauschkoeffizienten dargestellt. Häufig verwendet wird der K-Ansatz (Kap.6.2.1), für den entsprechend der Gl.(6.17) und (6.18) noch die Vorgabe der sogenannten Mischungslänge erforderlich ist (siehe auch Kap.3.1.2.7). Diese Mischungslänge l ist als ein Maß für die typische Ausdehnung turbulenter Wirbel zu verstehen. Bei horizontal homogenen Verhältnissen, für welche die Theorie ursprünglich entwickelt wurde (Prandtl, 1925), ist diese Ausdehnung in erster Näherung durch den vertikalen Abstand vom Erdboden gegeben. Sehr häufig wird der Mischungswegansatz nach Blackadar (1962) angewendet, nach dem sich die Mischungsweglänge l entsprechend der Gl.(6.21) ergibt

$$l = \frac{\kappa\,(z + z_o)}{1 + \kappa\,z/\lambda} \tag{6.21}$$

κ ist die von Karman-Konstante und hat einen Wert von 0,35-0,4, λ ist ein oberer Grenzwert für den Mischungsweg l. Durch die Anwendung der Gl.(6.21) ergibt sich in Bodennähe ein für die Prandtl-Schicht typischer linearer Verlauf, der sich für große Höhen einem konstanten Wert annähert. Um die Abhängigkeit von der thermischen Schichtung zu berücksichtigen wird der Mischungsweg stabilitätsabhängig angesetzt. Eine Möglichkeit ist der Ansatz

$$l'_{(z\,/\,L_*)} = \frac{l}{\Phi_{(z\,/\,L_*)}} \tag{6.22}$$

Φ ist hierbei die Profilfunktion nach Businger et al. (1971). Der vertikale Impulstransport ergab sich nach der Gl.(6.15) aus dem Produkt des mittleren Gradienten der horizontalen Windgeschwindigkeit und dem turbulenten Impuls-Diffusionskoeffizienten K_m. Analog kann man den Fluß an fühlbarer Wärme aus dem Temperaturgradienten und dem turbulenten Diffusionskoeffizienten für Wärme K_h bestimmen. Obwohl von den gleichen Mechanismen verursacht, unterscheidet sich der turbulente Diffusionskoeffizient für Wärme und Impuls. Für neutrale Schichtung findet man die Beziehung (6.23), bei stabiler und labiler Schichtung weicht das Verhältnis von K_h/K_m von dem Wert 1,35 ab. (siehe Abb.6.5).

$$K_h \cong K_m \cdot 1.35 \tag{6.23}$$

Für stoffliche Beimengungen wird als Diffusionskoeffizient i.allg. der Diffusionskoeffizient für Wärme K_h zugrunde gelegt.

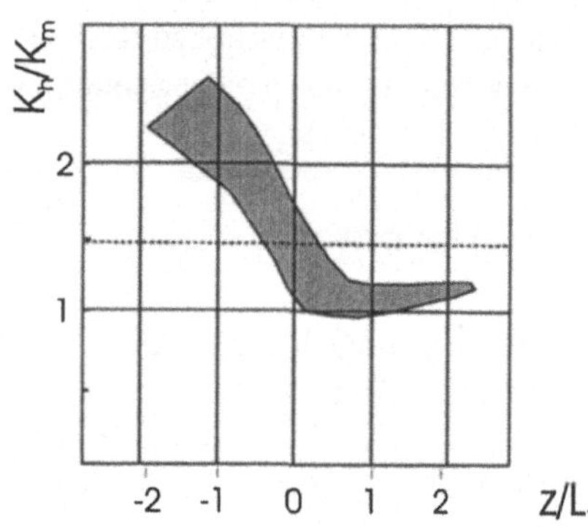

Abb.6.5. Verhältnis von K_h/K_m als Funktion der Stabilität (aus Roedel, 1992 nach Businger et al., 1971)

6.4 Eingangsgrößen der Lagrange-Modelle

Wie in Kap.3.3 gezeigt wurde, müssen als Eingangsgrößen eines Lagrange- oder Teilchensimulationsmodells

- das mittlere Strömungsfeld
- die Standardabweichungen der Geschwindigkeitsfluktuationen
- die Lagrange Autokorrelationsfunktion

bekannt sein. Zur Ermittlung des Geschwindigkeitsfeldes werden in praxisorientierten atmosphärischen Ausbreitungsmodellen je nach Komplexizität der Fragestellung entweder diagnostische oder prognostische Windfeldmodelle eingesetzt. Die Standardabweichungen der Geschwindigkeitsfluktuationen kann bei prognostischen Strömungsmodellen aus der ermittelten Turbulenzenergie abgeleitet werden. Die Lagrange Autokorrelationsfunktion hängt von der Lagrangeschen Zeitskala ab. Für eine detailliertere Beschreibung sei auf weiterführende Literatur wie z.B. Janicke (1992), Maßmeyer et al. (1993) oder Theohos et al. (1994) verwiesen.

6.5 Genauigkeit von gekoppelten Wind- und Ausbreitungsmodellen

Die Fehler bei der Immissionsprognose mit gekoppelten Windfeld-Ausbreitungsmodellen werden im wesentlichen durch

I   Ungenauigkeiten bei der Bestimmung des Windfeldes
II numerische Probleme wie z.B. der numerische Diffusion
III die Parametrisierung der Turbulenz bzw. Diffusionskoeffizienten

hervorgerufen. Eine detaillierte Beschreibung der möglichen Fehlerquellen übersteigt den Rahmen dieses Buches. Es soll daher zu jedem Punkt exemplarisch nur ein Aspekt erläutert werden.

- Zu I: Schon geringe Ungenauigkeiten in dem berechneten Strömungsfeld können einen großen Fehler in der prognostizierten Immissionsverteilung verursachen. Eine Abweichung der berechneten Windrichtung von z.B. nur $10°$ führt dazu, daß sich die Lage des Konzentrationsmaximums in 2 km Entfernung um 350 m quer zur Windrichtung verschiebt. Dies entspricht bei einer gaußförmig angenommenen Konzentrationsverteilung bei neutraler Schichtung mehr als eine Standardabweichung σ_y.
- Zu II: In allen Ausbreitungsmodellen, in denen die numerische Diffusion nicht korrigiert wird, können Fehler auftreten, die ein mehrfaches der tatsächlichen diffusiven Prozesse ausmachen (siehe Kap.3.2.8).
- Zu III: Wird zur Turbulenzschließung beispielsweise ein K-Ansatz zusammen mit einem Mischungsweg verwendet, so findet man in der Literatur eine zweistellige Anzahl unterschiedlicher Vorschläge zur Ermittlung des Mischungsweges. Eine Untersuchung von Detering (1985) zeigt, daß die so er-

haltene Variabilität der vertikalen Diffusionskoeffizienten bis zu einem Faktor 2 betragen kann.

Eine grobe Einschätzung der zu erwartenden Genauigkeiten von gekoppelten Windfeld-Ausbreitungsmodellen läßt sich am ehesten ableiten, wenn man eine Untergliederung in verschieden komplexe Fragestellung durchführt.

6.5.1 Standardsituation in ebenem Gelände

Vergleichsrechnungen zwischen ausgewählten Gauß-, Euler- und Lagrangemodellen in ebenem Gelände unter Standardsituationen wurden u.a. von Glaab (1986), Maßmeyer et al. (1993) und Päsler-Sauer (1986) durchgeführt. Die sehr detaillierte Untersuchung von Päsler-Sauer zeigt, daß die mit Gauß-, Euler- und Lagrangemodellen in Standardsituationen in ebenem Gelände durchgeführten Immissionsprognosen i. allg. eine vergleichbare Genauigkeit haben. Dem widerspricht eine Veröffentlichung des Deutschen Wetterdienstes mit der Hessischen Landesanstalt für Umweltschutz (Thehos et al., 1994). Nach den Ergebnissen dieser Studie können sich die mit dem Gaußmodell nach TA-Luft (1986) und die mit einem gekoppelten prognostischen Windfeld- und Lagrange-Modell berechneten Jahresmittelwerte der bodennahen Immissionen in größeren Entfernungen auch in ebenem Gelände mancherorts um mehr als einen Faktor 6 unterscheiden. Es ist jedoch noch nicht abschließend geklärt, welches der beiden Modelle die wirklichkeitsnäheren Aussagen liefert.

6.5.2 Topographisch moderat gegliedertes Gelände

In Maßmeyer et al. (1993) ist ein Vergleich zwischen den Ergebnissen eines Tracergas-Freilandexperimentes (Zeitdauer 9 x 10 Minuten) und einer Immissionsprognose mit einem diagnostische Strömungs- und Lagrangemodell in orographisch gegliedertem Gelände beschrieben. Die Untersuchung zeigt, daß die beobachtete Umströmung der Topographie qualitativ richtig modelliert wurde. Ein Vergleich der beobachteten und prognostizierten Schadstoffverteilung ergab, daß etwa 70% aller berechneten Immissionen um weniger als einen Faktor 5 von den gemessenen Konzentrationen abwichen. Diese Abweichung ist jedoch nicht auf den möglichen Fehler bei der Prognose von 98-Perzentil- oder gar von Jahresmittelwerten zu übertragen. Die bei der Prognose einzelner Stunden- bzw. hier sogar 10 Minuten Mittelwerten zu erwartenden Variationen übersteigen die Abweichungen statistischer Kenngrößen wie den Jahresmittel- und 98-Perzentilwert um ein Vielfaches. Eine Vergleichsrechnung zwischen dem Gaußmodell nach der TA-Luft (1986) und einem gekoppelten diagnostischen Windfeld- und Lagrangemodell in einem orographisch mäßig gegliederten Gelände ergab für einen ausgewählten Fall, daß die mit dem Gauß-Modell prognostizierten Jahresmittelwerte vereinzelt um bis zu einem Faktor 3 unterschätzt werden (Möhler, 1996).

6.5.3 Bebautes Gelände

In bebautem Gelände kommt es zu sehr inhomogenen Windverhältnissen. Dabei wird das Turbulenzfeld und damit die Ausbreitung lokal durch hohe Scherströmungen geprägt. Eine Immissionsprognose in bebautem Areal erfordert daher eine möglichst exakte Modellierung der Gebäudeumströmung und der Austauschkoeffizienten.

Zur Einschätzung der möglichen Fehler einer numerischen Ausbreitungsmodellierung in bebautem Gelände wurden die Resultate von standardisierten Windkanaluntersuchungen und Naturmessungen mit den zugehörigen Ergebnissen mehrerer kommerziell erhältlicher Strömungs- und Ausbreitungsmodelle verglichen (Klein et. al., 1994; Kastner-Klein und Plate, 1997; Röckle und Richter; 1994; Röckle et al., 1997; Schädler et al., 1996). Der Vergleich der im Winkanal ermittelten mit den numerisch prognostizierten Ergebnisse zeigte für die Schadgasausbreitung im Bereich eines U-förmigen Gebäudes sowie einer Straßenschlucht, daß die Resultate der Einzelmessungen zum Teil um bis zu einem Faktor 5 von den berechneten Immissionen abwichen. Die große Streubreite der Einzelergebnisse bedeutet jedoch nicht, daß die Modelle bei praktischen Fragestellungen nicht anwendbar sind. Vergleiche mit Naturmessungen belegen, daß statistische Kenngrößen wie der Jahresmittel- und der 98-Perzentilwert mit den Modellen oft mit einer hohen Genauigkeit von bis zu 30% und besser wiedergegeben werden können.

7 MISKAM - Beispiel eines prognostischen Ausbreitungsmodells

Nachfolgend soll die Funktionsweise eines prognostischen, mikroskaligen Strömungs- und Ausbreitungsmodells anhand des Programmsystems MISKAM (Mikroskaliges Klima- und Ausbreitungsmodell, Eichhorn 1989) aufgezeigt werden. Das Model MISKAM wurde dem vorliegenden Buch als Beispiel für ein prognostisches Modell beigelegt, da

- es in der VDI-Richtlinie 3782 zur Ausbreitungsmodellierung in stark strukturiertem Gelände empfohlen wird
- die Arbeitsweise gekoppelter Windfeld- Ausbreitungsmodelle anhand von MISKAM sehr anschaulich demonstriert werden kann
- das Programm kommerziell erhältlich und auf Personal-Computern ausführbar ist.

Weiterhin steht mit einer Windows-Version von MISKAM eine benutzerfreundliche Oberfläche zur Verfügung, mit der auch die Berechnung statistischer Kenngrößen routinemäßig durchgeführt werden kann.

7.1 Vorbemerkung

MISKAM ist ein dreidimensionales, nicht hydrostatisches (Kap.6.1.2) Strömungs- und Ausbreitungsmodell, mit dessen Hilfe das Windfeld und die Ausbreitung punkt-, linien- oder flächenhaft ausgebrachter Luftverunreinigungen in bebautem Gelände modelliert werden kann. Während mit dem im Kap.5.5 beschriebenen Gauß-Fahnenmodell nur Ausbreitungsvorgänge in unstrukturiertem Gelände mit einem räumlich homogenen Windfeld und in einem Entfernungsbereich von etwa 100 m bis 10000 m berechnet werden können, ermöglicht das Modell MISKAM die explizite Berücksichtigung von Gebäuden und Hindernissen in Form von rechtwinkligen Blockstrukturen, so daß die Besonderheiten des Strömungsgeschehens im bebautem Gelände im Mikro-α- bis γ-Bereich (siehe Kap.6.1) modelliert werden können.

7.2 Physikalische und numerische Grundlagen

Die physikalische Grundlage von MISKAM sind die dreidimensionalen Bewegungsgleichungen , die Turbulenzschließung und die Advektions-Diffusions-Gleichung für dichteneutrale Substanzen. Thermodynamische Prozesse werden in dem Modell MISKAM nicht berücksichtigt.

7.2.1 Bewegungsgleichungen

Das Prognosesystem des Strömungsteils von MISKAM besteht aus den karthesischen Komponenten der Bewegungsgleichung entsprechend der Gl.(6.7) und Gl.(6.8) in Boussinesq–approximierter Form (Kap.6.1.3.2). Aufgrund der geringen Ausdehnung des zu bearbeitenden Untersuchungsareals wird die Corioliskraft vernachlässigt (Kap.6.1.2.1). Des weiteren werden keine Auftriebskräfte berücksichtigt.

Zur Parametrisierung des turbulenten Impulstransports verwendet MISKAM eine Turbulenzschließung erster Ordnung (Kap.6.2.1). Hierbei wird keine Unterscheidung zwischen den horizontalen und vertikalen Austauschkoeffizienten vorgenommen. Mit diesen Voraussetzungen ergibt sich die Bewegungsgleichung der Windgeschwindigkeit u_i in die Richtung x_i zu:

$$\frac{du_i}{dt} = -\frac{1}{\rho}\frac{\partial p'}{\partial x_i} + \frac{\partial}{\partial x_k}\left[K_m\left(\frac{\partial u_i}{\partial x_k} + \frac{\partial u_k}{\partial x_i}\right)\right] \qquad (7.1)$$

Hierbei sind $x_i = x, y, z$ die karthesischen Koordinaten, $u_i = u, v, w$ die Komponenten des Windvektors, ρ die Luftdichte, p' der dynamische Stördruck und K_m der turbulente Austauschkoeffizient für den Impuls. Das Gleichungssystem wird ergänzt durch die Forderung nach der Divergenzfreiheit des Windfeldes (Gl.(6.1)).

$$\frac{\partial u}{\partial x} + \frac{\partial v}{\partial y} + \frac{\partial w}{\partial z} = 0 \qquad (7.2)$$

Bei der Berechnung des Windfeldes können die Effekte verschiedener Bodenbeschaffenheit mit Hilfe unterschiedlicher aerodynamischer Rauhigkeitslängen (Kap.4.2.1) berücksichtigt werden. Die Festlegung von Rauhigkeitswerten zu den einzelnen Gitterflächen des Modellgebietes erfolgt dabei entweder durch Vorgabe eines konstanten Wertes für das gesamte Modellgebiet, oder aber durch Eingabe eines Feldes von Kenngrößen, die jeder Gitterzelle einen bestimmten Oberflächentyp (niedrige oder hohe Vegetation, Asphalt, nicht explizit aufgelöste Bebauung etc.) zuweisen (Kap.7.4.1.3).

Als weitere, das jeweilige Strömungsfeld beeinflussende Größe kann die statische Stabilität anhand der thermischen Schichtung berücksichtigt werden. Diese wird im Modellgebiet als konstant betrachtet. Sie wird in Form des höhenkonstanten Vertikalgradienten der potentiellen Temperatur (Kap.4.4.1) vorgegeben. Der

Einfluß der thermischen Schichtung fließt in die Initialisierung des Anfangswind-
feldes und in eine Modifikation des turbulenten Austauschs bei stabiler bzw. labiler Schichtung ein.

7.2.2 Austauschkoeffizienten

Um die turbulenten Flüsse zu parametrisieren, wird in dem Modell MISKAM eine
Turbulenzschließung erster Ordnung (Kap.6.2) benutzt. Hierbei kann man zwischen dem K-Ansatz und dem E-ε-Modell wählen. Bei einer Validierung der mit
MISKAM ermittelten Immissionskonzentrationen im Nahbereich eines U-
förmigen Gebäudes anhand von Windkanalmessungen (Röckle und Richter, 1994)
zeigte sich, daß die K-Schließung teilweise unbefriedigende Resultate liefert. Es
wird daher empfohlen, zur Strömungssimulation in bebautem Gelände generell die
E-ε-Schließung anzuwenden. Die Austauschkoeffizienten für Wärme oder eine
stoffliche Beimengung K_h werden in MISKAM aus dem turbulenten Impulsdiffu-
sionskoeffizienten K_m nach dem empirischen Ansatz Gl.(7.3) ermittelt.

$$K_h = 1.35 \cdot K_m \cdot F_h \tag{7.3}$$

F_h ist hierbei eine von der Stabilität abhängende Funktion (Abb.6.5), die in MIS-
KAM jedoch stabilitätsunabhängig mit 1 angesetzt wird. Der Faktor 1,35 orientiert
sich an empirischen Resultaten (Businger et al., 1971).

7.2.3 Ausbreitungsmodell

Das Ausbreitungsmodell von MISKAM beinhaltet die Prognosegleichung für eine
dichteneutrale Luftbeimengung entsprechend der Gl.(3.28). Zur Diskretisierung
der Advektionsterme in der Transportgleichung kann das

- einfache Upstream-Verfahren
- Advektionsschema von Smolarkiewicz und Grabowski (1989)

benutzt werden. Das Upstream-Verfahren besitzt eine hohe numerische Diffusion
weshalb, wie in Kap.3.2.9.2 gezeigt wurde, insbesondere bei der Behandlung von
Punktquellen besser das Smolarkiewicz-Schema angewendet werden sollte. Allerdings steigt der Rechenaufwand bei Verwendung des Smolarkiewicz-Schemas
stark an. Zum einen müssen die Korrekturschritte ausgeführt werden (in MISKAM
ist deren Anzahl auf zwei beschränkt), zum anderen erfordert das Verfahren einen
kleineren Zeitschritt, um die numerische Stabilität sicherzustellen.

7.2.4 Sedimentation und Deposition

In MISKAM kann sowohl die Sedimentation als auch die Deposition berücksichtigt werden, so daß zumindest näherungsweise auch Aussagen über nicht dichte-

neutrale Substanzen möglich sind. Beide Prozesse werden durch Vorgabe konstanter charakteristischer Geschwindigkeiten erfaßt.

Die Sedimentationsgeschwindigkeit wird bei der Advektionsberechnung der Vertikalkomponente des Windfeldes hinzugefügt. Die Depositionsgeschwindigkeit gibt an, welcher Anteil der transportierten Substanz am Erdboden bzw. auf Gebäudeoberflächen deponiert, also der Atmosphäre entzogen wird. Beide Geschwindigkeiten sind als Stoffkonstanten zu verstehen und vom Anwender geeignet vorzugeben.

7.3   Kenngrößen

Nachfolgend sind die wesentlichen Kenngrößen des Modells MISKAM zusammengefaßt dargestellt.

- Modellentwickler: Dr. J.Eichhorn, Institut für Physik der Atmosphäre, Mainz

- Modelltyp: Dreidimensionales prognostisches, nicht hydrostatisches Strömungsmodell in Boussinesq- approximierter Form. Turbulenzschließung wahlweise mittels K-Ansatz oder E-ε −Verfahren. Dreidimensionales prognostisches Eulersches Ausbreitungsmodell wobei die Advektionsterme nach dem Upstream-Verfahren ermittelt werden. Die numerische Diffusion ist mit Hilfe des Smolarkiewicz-Verfahren zu verringern.

- Grundlage: Trägheitskräfte, Druckgradientenkraft, Reibung. Auf die Corioliskraft wurde wegen der geringen Ausdehnung des Modellgebietes verzichtet.

- Benötigte Eingabedaten: Rechengitter, Bebauung, Rauhigkeit, Quellverteilung.

- Ausgabe: Windfeld, Druckfeld, Diffusionskoeffizienten, Konzentrationsfeld für eine meteorologische Situation.

7.4   Bedienung von MISKAM

Der Rechenweg zur Prognose einer Immissionsverteilung für eine spezifizierte Ausbreitungssituation untergliedert sich im Wesentlichen in drei Schritte. Zuerst muß die Geometrie der Gebäude sowie die strömungsdynamisch relevanten Randbedingungen, das sind die

- aerodynamische Rauhigkeit in dem Untersuchungsgebiet
- Anströmrichtung
- Anströmgeschwindigkeit
- Atmosphärische Schichtung

aufgenommen bzw. festgelegt werden. In einem zweiten Schritt wird das dreidimensionale Strömungsfeld berechnet. Für eine spezifizierte Quellverteilung kann anschließend eine Ausbreitungsmodellierung durchgeführt werden.

7.4.1 Aufbau der Eingabedateien für MISKAM

Die Eingabedateien, auf die das Programm MISKAM zugreift, befinden sich nach der Installation der dem Buch beiliegenden Software (zur Installation siehe Kap.8.1) in dem Unterverzeichnis C:\ATMOD\MISKAM\EIN und haben die Extention .inp. In einer Eingabedatei sind alle benötigten Informationen des jeweiligen Untersuchungsgebietes und der zu analysierenden Emissionsquellen aufgeführt. Die Anordnung der Eingangsgrößen soll nachfolgend anhand der Beispieldatei Demo_A.inp erläutert werden. Die Datei ist in der Abb.7.1 dargestellt. Schauen Sie sich die Datei mit Hilfe eines geeigneten Editors (WORD o.ä.) an. Die Input-Datei beinhaltet die Informationen über das karthesische Gitter, die Gebäudeanordnung, die Rauhigkeitslängen und die Verteilung der Emissionsquellen.

7.4.1.1 Kartesisches Gitter

In der ersten Zeile der Datei Demo_A.inp ist festgelegt, daß das Rechengebiet in der x-, y- und z –Richtung auf 20 x 20 x 15 Boxen begrenzt ist. Insgesamt wird das Strömungs- und Konzentrationsfeld somit an 6000 Stellen berechnet.

Mit der diesem Buch beiliegenden MISKAM-Version können keine größeren Rechengitter bearbeitet werden. Das bedeutet, daß die Umströmungs- und Ausbreitungsbedingungen im Bereich sehr komplexer Bauwerke oder ganzer Stadtgebiete mit der vorliegenden Version nicht zu simulieren sind. Für die Analyse der Ausbreitungsbedingungen im Nahbereich von einfachen Gebäudeanordnungen und zum Verständnis des Programmablaufes reicht die dem Buch beiliegende MISKAM-Version jedoch aus. Bei der kommerziell vertriebenen Version von MISKAM wird die Anzahl der Gitterpunkte nur durch den Speicher des PC's und die zunehmende Rechendauer begrenzt.

```
 20 20 15 90.
  0   4   8  12  16  20  24  28  32  36  40  44  48  52  56  60  64  68  72  76  80
  0   4   8  12  16  20  24  28  32  36  40  44  48  52  56  60  64  68  72  76  80
  0   2   4   6   8  10  12  14  17  20  25  30  40  50  60  70
0 0 0 0 0 0 0 0 0 0 0 0 0 0 0 0 0 0 0 0 0
0 0 0 0 0 0 0 0 0 0 0 0 0 0 0 0 0 0 0 0 0
0 0 0 0 0 0 0 0 0 0 0 0 0 0 0 0 0 0 0 0 0
0 0 0 0 0 0 0 0 0 0 0 0 0 0 0 0 0 0 0 0 0
0 0 0 0 0 0 0 0 0 0 0 0 0 0 0 0 0 0 0 0 0
0 0 0 0 0 0 0 0 0 0 0 0 0 0 0 0 0 0 0 0 0
0 0 0 0 0 0 0 0 0 0 0 0 0 0 0 0 0 0 0 0 0
0 0 0 0 0 0 0 0 6 6 6 6 0 0 0 0 0 0 0 0 0
0 0 0 0 0 0 0 0 6 6 6 6 0 0 0 0 0 0 0 0 0
0 0 0 0 0 0 0 0 6 6 6 6 0 0 0 0 0 0 0 0 0
0 0 0 0 0 0 0 0 6 6 6 6 0 0 0 0 0 0 0 0 0
0 0 0 0 0 0 0 0 6 6 6 6 0 0 0 0 0 0 0 0 0
0 0 0 0 0 0 0 0 6 6 6 6 0 0 0 0 0 0 0 0 0
0 0 0 0 0 0 0 0 0 0 0 0 0 0 0 0 0 0 0 0 0
0 0 0 0 0 0 0 0 0 0 0 0 0 0 0 0 0 0 0 0 0
0 0 0 0 0 0 0 0 0 0 0 0 0 0 0 0 0 0 0 0 0
0 0 0 0 0 0 0 0 0 0 0 0 0 0 0 0 0 0 0 0 0
0 0 0 0 0 0 0 0 0 0 0 0 0 0 0 0 0 0 0 0 0
0 0 0 0 0 0 0 0 0 0 0 0 0 0 0 0 0 0 0 0 0
0 0 0 0 0 0 0 0 0 0 0 0 0 0 0 0 0 0 0 0 0
j
10 1
NOX 0.0 0.0 0.0
pq   14 11   1   50.0
```

Abb. 7.1. Die Eingabedatei Demo_A.inp

Am Ende der ersten Zeile der Datei Demo_A.inp wird vereinbart, daß die x-Achse
des Modellgebietes einen Winkel von 90 Grad gegen die Nordrichtung aufweist.
Die positive x-Achse weist somit nach Osten. Die drei Folgezeilen enthalten die
karthesischen Koordinaten der Zellwände in den drei Raumrichtungen. In jeder
Zeile ist daher ein Wert mehr anzugeben, als der jeweiligen Richtungen Gitterboxen zugeordnet werden. Im Fall der Datei Demo_A.inp wurde in x- (Zeile 2) und
y- (Zeile 3) Richtung ein äquidistanter Abstand von $\Delta x = \Delta y = 4$ m zugrunde gelegt.
Das Rechengebiet erstreckt sich in der horizontalen somit jeweils von 0 m bis
80 m. Es ist aber auch möglich, lokal z.B. eine höhere oder niedrigere Auflösung
zu realisieren. Dies ist in der Abb. 7.12 z.B. für eine Straßenschlucht in einer
strukturierten Umgebung dargestellt. In der Datei Demo_A.inp ist in der 4. Zeile
festgelegt, daß der vertikale Abstand zweier Gitterpunkte in den ersten 7 Boxen 2
m beträgt. Danach nimmt die Boxhöhe bis auf 10 m zu. In der Regel ist das Rechengitter so zu wählen, daß dort, wo große Änderungen der Rechengrößen zu
erwarten sind, vergleichsweise kleine Gitterabstände realisiert werden. Im Fall des
vertikalen Windprofils heißt dies, daß aufgrund der logarithmischen Zunahme der
Windgeschwindigkeit mit zunehmender Höhe größere Gitterabstände gewählt
werden können.

7.4.1.2   Gebäudeanordnung

Der 20 x 20 Elemente große Datenblock nach der 4. Zeile spezifiziert die Gebäudebelegung in dem zu untersuchenden Areal. Die Größe der Datenmatrix richtet sich nach der in der ersten Zeile vereinbarten Anzahl von Gitterboxen in x- und y-Richtung und kann bei der diesem Buch beiliegenden Version in der Horizontalen somit maximal 20 x 20 Zellen betragen. Die Abb.7.1 stellt eine Aufsicht des Modellgebietes dar, wobei für jede horizontale Gitterfläche die Anzahl der in der Vertikalen von Gebäuden ausgefüllten Zellen angegeben wird. Eine „0" bedeutet kein Gebäude, eine 1, 2 usw. entsprechend der Vereinbarung in der vierten Zeile (vertikale Spreizung) ein Gebäude mit der Höhe von 2 m, 4 m etc.. Die Umsetzung der in der Abb.7.1 aufgeführten Zahlenmatrix in eine räumliche Struktur ist in der Abb.7.2 schematisch dargestellt.

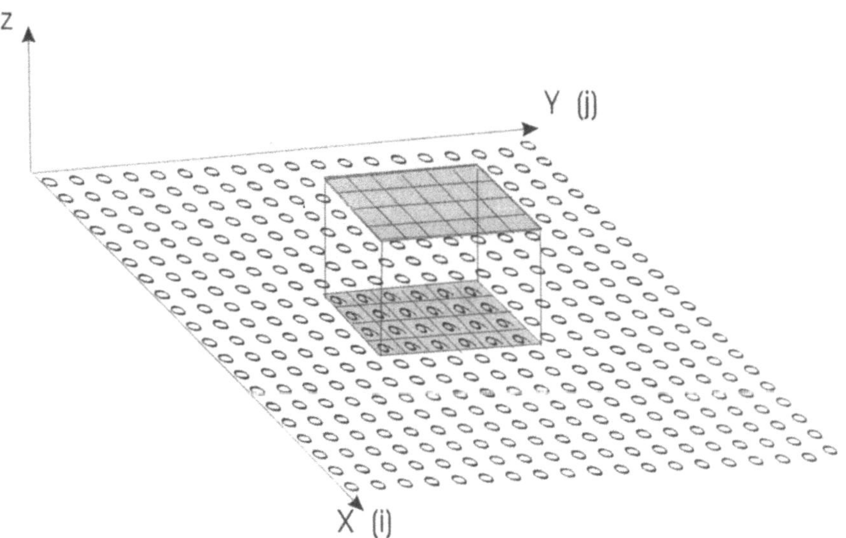

Abb.7.2. Räumliche Darstellung der in der Datei Demo_a.inp spezifizierten Gebäudegeometrie

Wie man aus der Abb.7.1 und Abb.7.2 erkennt, ist in der Beispieldatei ein quaderförmiges Gebäude mit einer einheitlichen Höhe von 12 m im Zentrum des Untersuchungsgebietes definiert. Die Gebäudekonfiguration kann von dem Programm MISKAM über eine Grafikausgabe auch direkt visualisiert werden. Dies ist in der Abb.7.3 dargestellt.

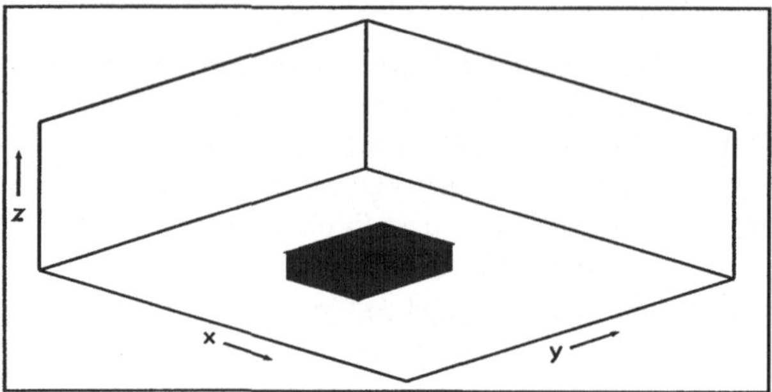

Abb.7.3. Visualisierung der in der Datei Demo_A.inp definierten Gebäudeanordnung

7.4.1.3 Rauhigkeitslängen

Die aerodynamische Rauhigkeitslänge z_0 des Erdbodens und der Gebäudewände sind wichtige Eingangsdaten zur Berechnung des Geschwindigkeitsprofils innerhalb des Bebauungsareals (Kap.4.2.1). Wird für das gesamte Untersuchungsgebiet eine einheitliche Rauhigkeitslänge zugrunde gelegt, so ist in die Zeile nach der Gebäudekonfiguration ein „j" einzutragen. Die darauf folgende Zeile enthält die Rauhigkeitslängen für den Erdboden sowie die Gebäudeaußenwände in cm. Hierfür kann man sich an die Vorgaben entsprechend der Tabelle 4.1 oder Tabelle 7.1 orientieren.

Tabelle 7.1. Aerodynamische Rauhigkeitslängen für verschiedene Geländetypen

Kennzahl	Typ	z_0 in cm
0	Gebäudedach	z_{0w}
1	Asphalt o.ä. ohne Hindernisse	1
2	Wiese	5
3	Wiese mit Einzelbäumen, Gebüsch	10
4	Dichte niedrige Vegetation	25
5	Niedrige, nicht explizit aufgelöste Bebauung	50
6	Höhere, nicht explizit aufgelöste Bebauung	100

In der Beispieldatei Demo_A.inp wird als aerodynamische Rauhigkeitslänge des Geländes bzw. der Wandflächen ein z_0 von 10 cm bzw. 1 cm angesetzt. Liegen räumlich unterschiedliche Rauhigkeiten vor, so ist in den auf die Gebäudekonfiguration folgenden Zeile ein „n" und dann nur die Rauhigkeitslänge der Gebäudeflächen einzutragen. Danach folgt ein zweidimensionales Feld analog der Gebäudematrix, in dem jeder Gitterfläche entsprechend den Vorgaben aus der Tabelle 7.1 eine Kennzahl der aerodynamischen Rauhigkeit zwischen 0 und 6 zugeordnet wird.

7.4.1.4 *Emissionsquellen*

Am Ende der Steuerdatei werden die Emissionsquellen spezifiziert. Dabei ist zunächst (nur zu Dokumentationszwecken) der Name der betrachteten Substanz, die Vorbelastung in mg/m^3 sowie die Depositions- und Sedimentationsgeschwindigkeit in m/s [25] anzugeben. Eine Auflistung stoffspezifischer Depositionsgeschwindigkeiten findet sich z.B. in Becker und Löbel (1985). Im Fall der Beispieldatei Demo_A.inp wird die Ausbreitung von Stickoxiden (NO_x) untersucht. Die Vorbelastung wird zu 0 mg/m^3 angenommen und auch die Sedimentations- und Depositionsgeschwindigkeit wird zu 0 m/s angesetzt. Anschließend folgt in der Inputdatei eine Liste, die den Quelltyp, die Gitterposition und den Emissionsmassenstrom angibt. MISKAM unterscheidet zwischen Punkt- (pq), Linien- (lx oder ly) und Flächenquellen. Der Emissionsmassenstrom wird hierbei in mg/s, mg/s/m bzw. mg/(s·m^2) angegeben. Es ist zu beachten, daß die Emission stets über das gesamte Boxvolumen verteilt ist. Das heißt, eine Punktquelle geht bei einem hinreichend großen Rechenraster in eine ausgedehnte Volumenquelle über. Es ist zu beachten, daß Linienquellen nur längs der Hauptachsen des Rechengebietes ausgerichtet werden können. Im Fall der Datei Demo_A.inp wird eine bodennahe Punktquelle mit den Gitterkoordinaten (14,11,1) und einer Emission von 50 mg/s definiert. Sollen noch zusätzliche Quellen berücksichtigt werden, so müßten diese nachfolgend jeweils in einer neuen Zeile definiert werden.

7.4.1.5 *Einzuhaltende Vorgaben*

Um unrealistische Ergebnisse zu vermeiden, sind bei der Festlegung der Gebäudekonfiguration und der Quellverteilung folgende Vorgaben zu beachten:

- Die Gebäudehöhe darf maximal etwa 30% der Modellhöhe betragen
- Senkrecht zu den seitlichen Rändern des Rechengitters ist über jeweils mindestens 3 Gitterzellen eine identische Höhenbelegung vorzugeben. Ebenso ist die horizontale Gitterauflösung in diesem Bereich konstant zu halten.
- Die Immissionskonzentrationen dürfen nicht in Gitterboxen bestimmt werden, die Emissionsquellen enthalten oder die in deren direkter Nachbarschaft liegen.
- Untersuchungspunkte sollten, wenn möglich, einen Abstand von 10 Gitterzellen zu jedem seitlichen Rand aufweisen. Diese Forderung ist mit der in diesem Buch beiliegenden Programmversion nicht zu realisieren.
- Zur Analyse von detaillierten Strömungsphänomenen, wie z.B. einem Wirbel in einer Straßenschlucht, ist dieser Bereich mit mindesten 6 Boxen aufzulösen.
- Die Ergebnisse einer Modellierung bei einer sehr labilen Schichtung sind mit Vorsicht zu interpretieren, da E-ε-Turbulenzmodelle in diesem Stabilitätsbereich keine korrekte Turbulenzschließung ermöglichen.

---

[25] eine positive Sedimentationsgeschwindigkeit bedeutet ein Absinken der Substanz

7.4.2 Durchführung der Rechnung und Ergebnisausgabe

Die Berechnung des Strömungsfeldes kann bei MISKAM aus programmtechnischen Gründen nur im DOS-Modus erfolgen. Zur Immissionsprognose und der graphischen Darstellung der Ergebnisse ist jedoch auch ein Start von Windows aus möglich. Wie das Programm im DOS-Modus oder von Windows aus aufgerufen wird, ist im Kap.8.3 beschrieben. Nach dem Start folgt (u.U. nach einer Pause von bis zu einer Minute) die Titelseite von MISKAM. Nach Betätigung der Return-Taste erscheint das in der Abb.7.4 aufgeführte Hauptmenü.

MISKAM
Mikroskaliges Ausbreitungsmodell
OPTION AUSWÄHLEN:
- Strömungsfeld berechnen
- Immissionsfeld berechnen
- Listenausgabe
- Grafikausgabe
- Beenden

Abb.7.4. Hauptmenü von MISKAM

Der Ablauf einer Simulationsrechnung für eine vorgegebene Gebäudeanordnung und Quellverteilung verläuft wie folgt:

- Spezifizierung der zu analysierenden meteorologischen Situation
- Berechnung des Strömungsfeldes
- Berechnung der Immissionsverteilung
- Visualisierung und/oder Listenausgabe

Wählen Sie den Menüpunkt „Strömungsfeld berechnen" indem Sie den Buchstaben S eingeben. Es folgt eine Auflistung der in dem Unterverzeichnis Miskam\Ein enthaltenen Input-Dateien. Wählen Sie die Datei Demo_A.inp, indem Sie den Cursor mit den Pfeiltasten positionieren und bestätigen Sie die Wahl.

Nachfolgend müssen zuerst die numerischen Parameter und anschließend die meteorologischen Randbedingungen festgelegt werden. Zuerst erscheint das Menü zur Auswahl der Startparameter für die Strömungsrechnung (Abb.7.5).

STARTPARAMETER FÜR STRÖMUNGSRECHNUNG

PARAMETER	VORGABE
Laufparameter	1
Zeitschritte	100
Turbulenzschließung	e
Abbruchkriterium	s
Kontrollausgabe	g
Weiter	
Abbruch	

Abb.7.5. Menü zur Auswahl der Startparameter für die Strömungsrechnung

Um einen Parameter zu ändern positioniert man den Curser auf den jeweiligen Menüpunkt. Nach dem Bestätigen mit der Return-Taste wird der jeweilige Vorgabewert angezeigt und die Änderung kann eingegeben werden. Die Bedeutung der verschiedenen Parameter ist nachfolgend anhand der in der Abb.7.5 dargestellten Auswahl erläutert. Es soll eine neue Rechnung durchgeführt (Laufparameter 1) und die Zwischenergebnisse nach 100 Zeitschritten gespeichert werden. Zur Turbulenzschließung wird das E-ε-Modell verwendet und die Rechnung stoppt, wenn das Strömungsfeld zeitlich stabil ist. Die Kontrollausgabe erfolgt über den Bildschirm. Bestätigen Sie den Punkt Weiter, es folgt das Menü zur Festlegung der meteorologischen Parameter.

ANFANGSWERTE FÜR STRÖMUNGSRECHNUNG

PARAMETER	VORGABE
Anströmgeschwindigkeit (m/s)	3
Anströmrichtung ($^\circ$)	270
Thermische Schichtung	0
Anemometerhöhe in m	10
z_0 für Initialisierung (cm)	10

Weiter
Abbruch

Abb.7.6. Menü zur Festlegung der meteorologischen Parameter

Als Bezugshöhe der Windgeschwindigkeit dient die Anemometerhöhe. Wählen Sie eine Windgeschwindigkeit von 3 m/s in 10 m Höhe, eine Anströmrichtung von 270° und einen potentiellen Temperaturgradienten von 0 K/100 m, das heißt eine neutrale Schichtung. Weiter benötigt das Programm die Information, mit welcher

Rauhigkeit das Windfeld initialisiert werden soll. Wählen Sie im vorliegenden Fall die gleiche Rauhigkeitslänge, die für das Untersuchungsgebiet in der Datei Demo_A.inp vorgegeben wurde, d.h. ein z_0 von 10 cm.

Sind alle Parameter festgelegt, so wählen Sie den Menüpunkt Weiter. Nach der Eingabe des Namens (Datei-Präfix, d.h. ohne Extention), unter welchem das Ergebnis abgespeichert wird kann das Programm gestartet werden. Geben Sie den Namen Demo_A1 ein. Die Berechnung beginnt und auf dem Bildschirm werden aufeinanderfolgend die Ergebnisse der Windfeldberechnung angezeigt. Ist das Strömungsfeld stabil, so stoppt das Programm und das Ergebnis wird unter dem Namen DEMO_A1.zwu in dem Unterverzeichnis MISKAM/AUS abgespeichert.

7.4.2.1 *Visualisierung des Strömungsfeldes*

Mit Hilfe des Menüpunktes Grafikausgabe (Eingabe G) kann das Strömungsfeld visualisiert werden. Es besteht die Möglichkeit die Wind-, Druck- und Turbulenzfelder anzuzeigen. Wählen Sie den Punkt Wind- und Druckfelder, indem Sie den Curser dort positionieren und mit Return bestätigen. Wählen Sie danach die Datei Demo_A1.zwu und bestätigen Sie die Bildschirmausgabe und die Auswahl Vektorfelder. Es kann ein Horizontal- oder Vertikalschnitt des Geschwindigkeitsfeldes betrachtet werden. In der Abb.7.7 ist als Beispiel der x-y-, das heißt der Horizontalschnitt der Windgeschwindigkeit in der Schicht 1 (0-2 m) über die gesamte x- und y-Achse, das heißt über das gesamte Modellgebiet dargestellt.

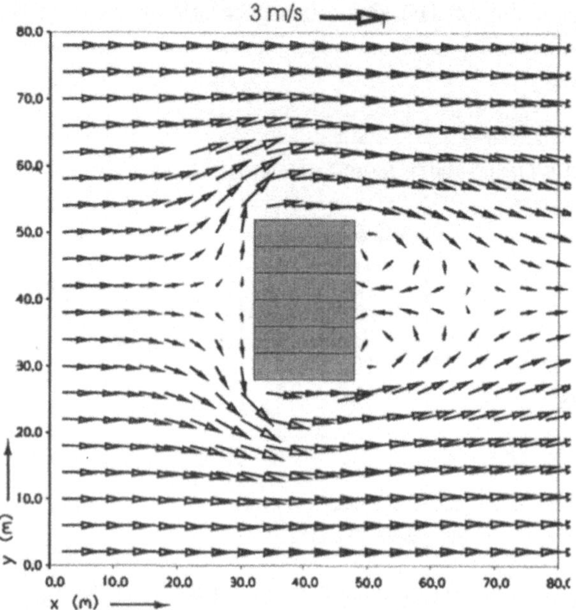

Abb.7.7. Horizontalkomponente des Strömungsfeldes in der Schicht 0-2 m für die Input-Datei Demo_A.inp und den im Text beschriebenen Eingangsgrößen

Deutlich erkennt man die Muster, die typischerweise bei der Umströmung eines quaderförmigen Gebäudes zu beobachten sind (siehe z.B. Hosker 1984). Es tritt eine Geschwindigkeitserniedrigung in Luv und eine Geschwindigkeitserhöhung an den seitlichen Rändern des Gebäudes auf. Die symetrische Rezirkulationszone mit 2 horizontalen Leewirbeln ist sehr ausgeprägt. Durch die Eingabe des Buchstabens „I" ist es möglich, das Strömungsfeld auch in anderen Höhen darzustellen. Für k=10 zeigt sich im vorgegebenen Beispiel eine ungestörte Anströmung aus Westen. Die Eingabe des Buchstabens „E" ermöglicht es, eine andere Ebene zu betrachten. Wählt man statt des Horizontal- einen Vertikalschnitt in der x-z-Ebene bei j= 9, so erhält man das Strömungsfeld, das in der Abb.7.8 dargestellt ist. Hierbei wurden die Achsen in der x-Richtung von der Zelle 5 bis zur Zelle 20 und in der Vertikalen bis zum 1,5-fachen der Gebäudehöhe skaliert. Die Lage der Beobachtungsebene ist in der Abb.7.9 dargestellt.

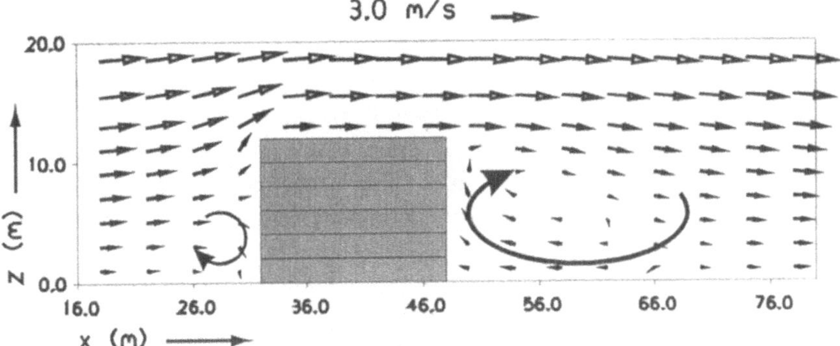

Abb.7.8. Visualisierung des Strömungsfeldes in der x-z-Ebene.

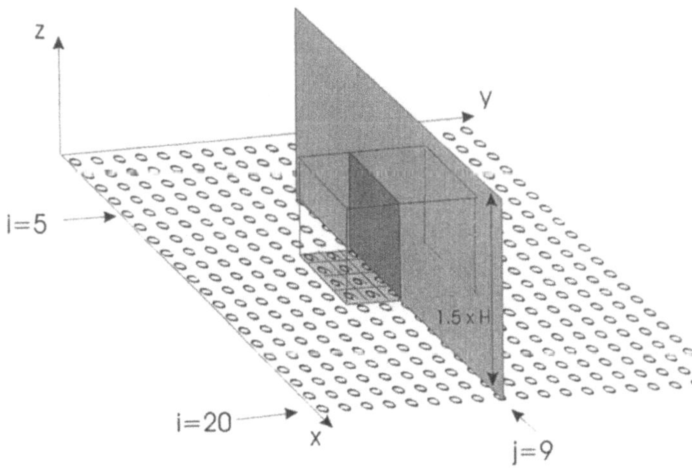

Abb.7.9. Lage der ausgewählten Darstellungsebene

Wie man anhand der Abb.7.8 erkennt, tritt der leeseitige Rezirkulationswirbel und der Luvwirbel auch im Vertikalschnitt deutlich in Erscheinung. Als eine Folge sind die vertikalen Strömungsgeschwindigkeiten direkt in Lee des Gebäudes nach oben gerichtet.

7.4.2.2 Listenausgabe

Die Ergebnisse der Windfeldberechnung können auch als im Listenformat ausgegeben werden. Die entsprechende Datei hat ASCII-Format und kann mit jedem Editor gelesen werden. Die Anordnung der Daten ist in der Datei erläutert.

7.4.2.3 Immissionsberechnung

Ausgehend von dem für eine bestimmte Gebäudekonfiguration und Meteorologie berechneten Strömungsfeld und der in der Eingabedatei spezifizierten Quellkonfiguration kann die räumliche Verteilung der Immissionskonzentration berechnet werden. Im Beispiel der Input-Datei Demo_A.inp befindet sich in der Box mit der Gitterposition 14/11/1 eine Punktquelle mit einem Emissionsmassenstrom von 50 mg/s. Wird das in der Datei Demo_A1.zwu gespeicherte Strömungsfeld zugrunde gelegt, so findet die Freisetzung in Lee des Gebäudes, im Bereich der Rezirkulationszone statt.

Wählen Sie im Hauptmenü den Unterpunkt „Immissionsfeld" (I) und anschließend die Konfigurationsdatei Demo_a.inp. Es erscheint das in der Abb.7.10 dargestellte Untermenü. Wählen Sie die in der Abb.7.10 aufgeführten Eingaben und danach „Weiter". Die Wahl „2 Korrekturschritte der Advektion" bedeutet, daß das Smolarkiewicz-Verfahren 2 mal angewendet wird, um die numerische Diffusion zu verringern.

```
EINSTELLUNGEN FÜR AUSBREITUNGSRECHNUNG


    PARAMETER                       VORGABE

    Laufparameter                   1
    Zeitschritte                    200
    Korrekturschritte Advektion     2
    Abbruchkriterium                s
    Kontrollausgabe                 g


    Weiter
    Abbruch
```

Abb.7.10. Menü zur Durchführung der Immissionsberechnung

Anschließend wird der Dateiname abgefragt, unter dem das Strömungsfeld abgespeichert ist. Im vorliegenden Beispiel ist dies die Datei Demo_A1.zwu. Geben

Sie danach den Namen der zu erstellenden Ergebnisdatei (Datei-Prefix, hier z.B. Demo_A1) an. Mit Return wird das Ausbreitungsprogramm gestartet und am Bildschirm kann die zeitliche Entwicklung des Immissionsfeldes verfolgt werden. Das Programm stoppt, wenn stationäre Verhältnisse eingetreten sind und speichert die Ergebnisse unter dem Namen Demo_A1.zwk in dem Unterverzeichnis MISKAM/AUS.

7.4.2.4 *Visualisierung der Immissionsverteilung*

Mit Hilfe des Menüpunktes Grafikausgabe (G) im Hauptmenü von MISKAM kann das Immissionsfeld für eine ausgewählte Ausbreitungssituation in verschiedenen Ebenen graphisch dargestellt werden. Nachfolgend wird als Beispiel die Datei Demo_A1.zwk ausgewählt. Den Ergebnissen liegt das Strömungsfeld Demo_A1.zwu und die Gebäude- und Quellkonfiguration Demo_A.inp zugrunde. Die Abb.7.11 zeigt die Konzentrationsverteilung in einem Vertikalschnitt längs der x-Achse, wobei die Immissionen in Prozent des Gesamtmaximums (gespreizt) skaliert sind. Als Gesamtmaximum wird hierbei die maximale Immissionskonzentration im gesamten Untersuchungsgebiet, als Schichtmaximum die der betrachteten Ebene bezeichnet. Die in der Abb.7.11 dargestellte Ebene bei j=11 reicht in der x-Richtung von der Zelle 10 bis 20 und in der Vertikalen bis zur 1,5-fachen Gebäudehöhe.

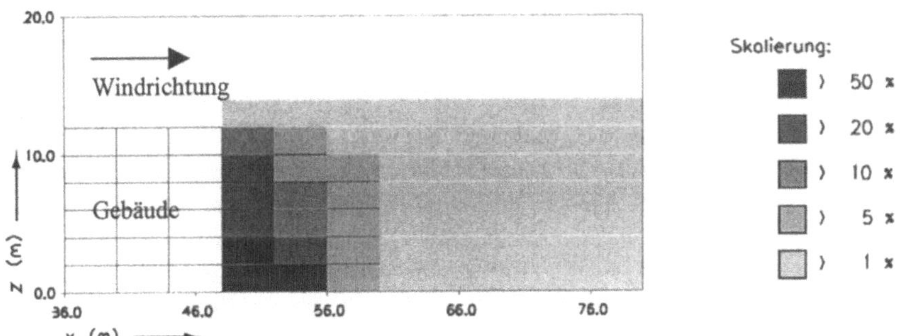

Abb.7.11. Datei Demo_a1. Konzentrationsverteilung in Lee des Gebäudes

Wie man aus der Immissionsverteilung in Lee des Gebäudes erkennt, werden die bodennah freigesetzten Emissionen im Bereich der Rezirkulationszone (siehe Abb.7.8) entgegen der Windrichtung zum Gebäude hin und dann vertikal nach oben transportiert.

7.4.3 Steuer-, Eingabe- und Ergebnisdateien

Nachfolgend sind die Spezifikationen und Erweiterungen der Dateien aufgeführt, die als Ein-, Aus- oder Steuerfiles bei der Arbeit mit MISKAM benötigt oder erzeugt werden.

Tabelle 7.2. Ein- und Ausgabedateien sowie Steuerdateien von MISKAM

Datei-erweiterung	Input/Output	Inhalt
*.inp	Input	Gitterdefinition, Gebäudekonfiguration, Quellen-definition. Zentrale Eingabedatei
*.zwu	Output	Windfeld (binär)
*.zwt	Output	Turbulenzfeld (binär)
*.zwk	Output	Konzentrationsfeld (binär)
*.uxy, *.uxz, *.uyz	Output	Windfeld u (Ascii) je nach betrachteter Ebene
*.txy *.txz *.tyz	Output	Turbulenzfeld (Ascii) je nach betrachteter Ebene
*.kon	Output	Konzentrationsfeld (Ascii)
*.prs	Output	Protokolldatei zu MISKAM-Strömungsrechnung
*.pra	Output	Protokolldatei zu MISKAM-Ausbreitungsrechnung

7.4.4 Größere Rechengebiete und geschachtelte Gitter

Die in der Praxis auftretenden Fragestellungen sind i.allg. wesentlich komplexer
als die Umströmung eines alleinstehenden, quaderförmigen Hauses. Meist muß der
Einfluß von auch weiter entfernt liegenden Gebäuden berücksichtigt werden. Dies
ist mit der diesem Buch beiliegenden Version wegen der begrenzten Größe des
Rechengitters von 20 x 20 x 15 Zellen nicht möglich. In der kommerziell erhältli-
chen Version von MISKAM besteht die Begrenzung des Rechengitters nicht mehr.
Es ist jedoch zu bedenken, daß mit der Vergrößerung des Gitters auch die Rechenzeiten stark zunehmen. Dies vermindert man dadurch, daß man weiter entfernt
liegende Areale nicht so detailliert auflöst wie den Bereich in dem die Immission
bestimmt werden soll. Als Beispiel ist in Abb.7.12 das Geschwindigkeitsfeld im
Bereich einer Straßenschlucht in einem Gitter mit horizontal variablen Abständen
dargestellt. Die räumliche Anordnung der Gebäude ist in der Abb.7.13 wiedergegeben.

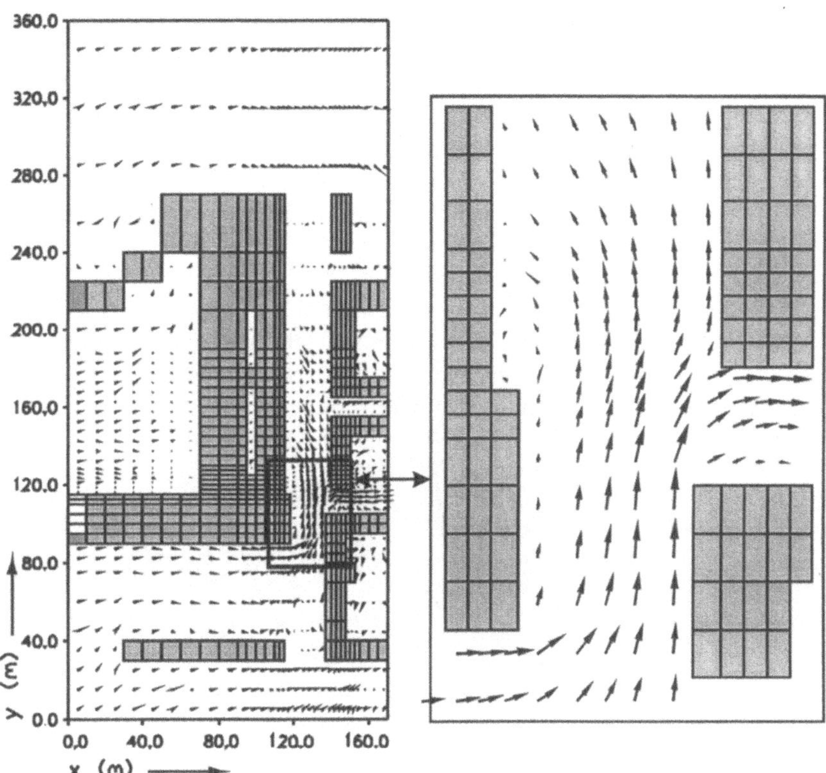

Abb.7.12. Geschwindigkeitsfeld in einer strukturierten Bebauung. Links ist das gesamte Rechengitter, rechts ein Detail in dem höher aufgelösten Bereich dargestellt

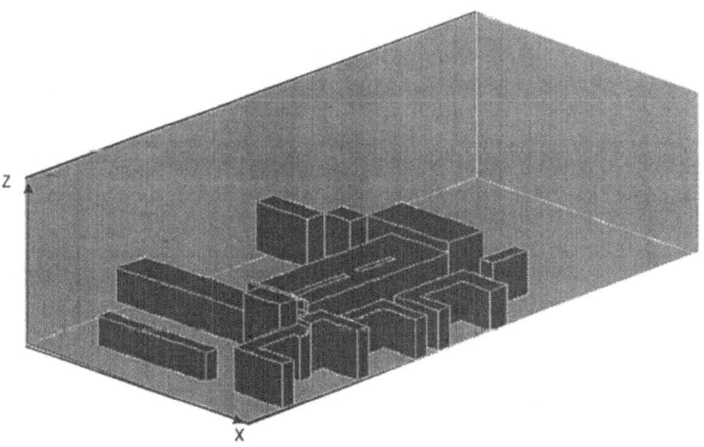

Abb.7.13. Räumliche Darstellung der in der Abb.7.12 abgebildeten Gebäudeanordnung

7.4.5 Berechnung statistischer Kenngrößen

Bisher wurde der Ablauf einer MISKAM-Rechnungen für eine ausgewählte meteorologische Situation beschrieben. Um statistische Kenngrößen, wie einen Jahresmittel- und 98-Perzentilwert zu ermitteln, muß die Berechnung des Strömungs- und des Immissionsfeldes für 36 Windrichtungen und gegebenenfalls auch mehrere Stabilitäts- und Windgeschwindigkeitsklassen durchgeführt werden. Das Vorgehen entspricht dem im Kap.5.5.5 beschriebenen Verfahren. Aus den ermittelten Ergebnissen können dann, mit Hilfe der Wind- und Ausbreitungsklassenstatistik die statistischen Kenngrößen bestimmt werden. Die Berechnung der benötigten, unterschiedlichen Strömungs- und Konzentrationsfelder wird bei dem Programm MISKAM im Batch-Betrieb durchgeführt. D.h., in einer Steuerdatei werden die Fälle definiert, die das Programm nachfolgend berechnen soll. Die dem Buch beiliegende Version kann nicht im Batch-Modus betrieben werden.

Hierfür sei auf die das Programms WINMISKAM verwiesen, in dem das Rechenprogramm MISKAM mit einer anwenderfreundlichen Benutzeroberfläche kombiniert ist und mit dem die Bestimmung von 98-Perzentil- und Jahresmittelwerten möglich ist. Eine Demoversion von WINMISKAM für ein Rechengitter von 20x20x15 Zellen kann unter Bezugnahme auf dieses Buch von der Fa. SFI (Software für Immissionsberechnungen, An der Roßweid 3 in 76229 Karlsruhe) zusammen mit dem Handbuch (auf Diskette) kostenfrei bezogen werden.

8 Anhang

8.1 Installation der Demonstrationssoftware

Dem Buch liegt eine Diskette bei, auf der die Demonstrationssoftware (kompri-miert) enthalten ist. Die Programme müssen auf ihrem Rechner mit einer vorgege-benen Struktur installiert werden. Hierzu dient das Installationsprogramm In-stall.bat.

Legen Sie die Installationsdiskette in das Laufwerk A ein und wechseln Sie auf das Diskettenlaufwerk. Starten Sie Install.bat entweder aus Windows über den Befehl Ausführen oder aus der DOS-Ebene, indem Sie Install eingeben. Das Pro-gramm legt auf ihrem Rechner auf der Festplatte C ein Verzeichnis C:/ATMOD an. In dem Unterverzeichnis C:/ATMOD/PROG finden Sie alle Beispielprogram-me dieses Buches außer dem Programm MISKAM. Die MISKAM-Dateien sind in dem Verzeichnis C:/ATMOD/MISKAM abgelegt. Um die Programme später gegebenenfalls von ihrer Festplatte zu löschen genügt es das Unterverzeichnis c:\atmod zu löschen.

Tabelle 8.1. Auflistung aller Programme und ihrer Funktionen

Verzeichnis c:/atmod/PROG	*Funktion*
Advekt.exe	Umsetzung der Advektionsgleichung
Diagnwf.exe	Veranschaulichung der Funktionsweise eines diagnostischen Windfeldmodells
Diffmod.exe	Umsetzung der Advektions-Diffusionsgleichung
Diffq.exe	Umsetzung der Diffusionsgleichung
Dika1.exe	Simulation von diffusen Prozessen in einer Box
Dika2.exe	Simulation von diffusen Prozessen in einer Box
Gaus.par	Steuerdatei für das Programm TA_Gaus.exe
Gausk.xlw	Excel-Arbeitsblatt zur Berechnung der Gaußverteilung um eine punktförmige Freisetzung
Geinz.exe	Gauß-Modell für eine meteorologische Situation
Laghugel.exe	Veranschaulichung der Funktionsweise eines Lagrange-Modells

Lawver2.exe	Veranschaulichung der Auswirkung unterschiedlicher Stabilitäten auf die Ausbreitung
Mittel.exe	Programm zur Berechnung von Flächenmittelwerten aus den Ergebnissen von TA_Gaus.exe
Perz.exe	Programm zur Addition von 98-Perzentilwerten
Perz.xlw	Excel-Arbeitsblatt zur Ermittlung eines Perzentilwertes aus einer Zeitreihe von Meßwerten
Sig.par	Parameter zur Berechnung der Sigma-Werte nach TA-Luft (1986)
TA_GAUS.exe	TA-Luft (1986)- konformes Ausbreitungsmodell zur Bestimmung des Jahresmittelwertes der Immissionskonzentration um eine Punktquelle
Transp.exe	Programm zur Veranschaulichung advektiver und diffusiver Prozesse
Wind1.dat	Wind- und Ausbreitungsklassenstatistik im AUSTAL-Format
Wind2.dat	Wind- und Ausbreitungsklassenstatistik im AUSTAL-Format
Wind3.dat	Wind- und Ausbreitungsklassenstatistik im AUSTAL-Format
Wind1.dwd	Wind- und Ausbreitungsklassenstatistik im DWD-Format
Windprof.xlw	Gauß-Arbeitsblatt zur Berechnung des vertikalen Windprofils
Wista.exe	Programm zur Auswertung und Visualisierung von Wind- und Ausbreitungsklassenstatistiken
Verzeichnis c:/atmod/MISKAM	*Funktion*
Miskamd.exe	Strömungs- und Ausbreitungsprogramm
Miskam.pif	
BSP-D20.log	
EPS-L.bin	
HPNO.bin	Zusatzprogramme
Grenz.dat	und Dateien für Miskam
F77L3.eer	
LF90.eer	
Clark.tab	
Verzeichnis c:/atmod/MISKAM /ein	*Funktion*
Demo_0.inp	Eingabedatei: 20 x 20 x 15 Boxen ohne Gebäude
Demo_a.inp	Eingabedatei: 20 x 20 x 15 Boxen mit Gebäuden wie in Kap. 7.4.1.1 erläutert.

Verzeichnis *c:/atmod/MISAM* */aus*	Test.*. Testergebnisse zur Visualisierung der Strömungs- und Immissionsfelder. Hier werden die Ergebnisse ihrer zukünftigen Miskam-Rechnungen abgespeichert.

8.2 Start der Demonstrationsprogramme

Die dem Buch beiliegenden Demonstrationsprogramme können sowohl vom DOS-Modus als auch von Windows 3.1x und Windows-95 aus gestartet werden. Für einen Start aus DOS wechseln in das Verzeichnis C:/ATMOD/PROG. Von dort aus können die Programme direkt aufgerufen werden.

Um die Programme von Windows aus starten empfiehlt es sich einen Dateimanager wie z.B. den Norton Commander oder den Windows Explorer zu laden und in das Verzeichnis C:/ATMOD/PROG zu wechseln. Von hier aus können die ausführbaren (-.exe) Programme durch Aufruf (Doppelklicken) direkt gestartet werden.

8.3 Start von MISKAM

Das Programmsystem MISKAM läuft unter DOS, Windows 3.1x und Windows-95. Um MISKAM in DOS-Modus auszuführen muß der Rechner zuerst im DOS-Modus gestartet werden. Wenn ihr Rechner Windows standardmäßig aufruft, so können Sie z.B. aus Windows-95 über den Button Start/ Beenden in den DOS-Modus (Abb.8.1) wechseln.

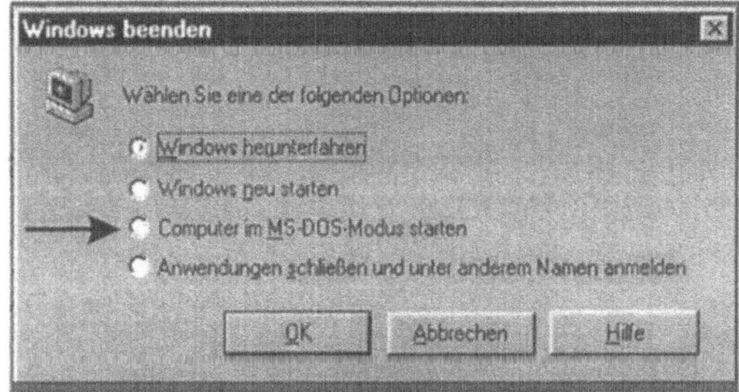

Abb.8.1. Wechseln von Windows in den DOS-Modus

Im DOS-Modus meldet sich der Rechner mit einer Kommandozeile, in der aufgeführt ist, in welchem Verzeichnis der Festplatte Sie sich augenblicklich befinden. Über die Tastatureingabe cd.. können Sie in die nächst höhere Verzeichnisebene wechseln. Führen Sie den Befehl so lange aus, bis Sie im Hauptverzeichnis C: sind. Durch die Eingabe

```
cd Atmod
cd Miskam
```

die jeweils mit Return bestätigt werden muß, gelangen Sie in das Verzeichnis mit den MISKAM-Programmdateien. Starten Sie das Programm durch den Befehl *MISKAMD*. Um MISKAM von Windows aus zu starten wählen Sie entweder Programm Ausführen, oder Sie rufen den Windows Explorer auf. Wechseln Sie in das Verzeichnis Miskam und starten Sie *MISKAMD* mit Hilfe eines Doppelklicks.

9 Literatur

Axenfeld F., Janicke L. und Münch J. (1984): Entwicklung eines Modells zur Berechnung des Staub-niederschlags.- Dornier System GmbH, im Auftrag des UBA, Forschungsbericht Nr. 10402562.

Baumbach G. (1994): Luftreinhaltung. Springer, Berlin Heidelberg

Becker K.H. und Löbel J. (1985): Atmosphärische Spurengase und ihr physikalisch-chemisches Verhalten. Springer Heidelberg

Biniaris S. und Wilhelm W. (1991): Ausbreitungsberechnungen nach TA-Luft 1986 im Vergleich mit Meßdaten. Meteorologische Rundschau, 44. Jahrgang, Heft 1-4. Seite 2-6.

Blackadar A.K. (1962). The vertical distribution of wind and turbulent exchange in a neutral atmosphere. J. Geophys. Res. 67, 3095-3102.

Blumen W. (1990): Atmospheric Processes over Complex Terrain. W. Blumen (Editor). American Meteorological Society, Boston.

Bronstein I.N. und Semendjajew K.A. (1991): Taschenbuch der Mathematik. Teubner Verlagsgesell-schaft, Stuttgart.

Bradshaw P.,Cebeci T.,Whitelaw J.H. (1981): Engineering Calculation Methods for Turbulent Flow. Academic Press, London

Brenk H.D. (1978): Ein anwendungsbezogenes Konzept zur Berechnung der Umweltbelastung durch Abluftemissionen kerntechnischer Anlagen für Standorte in der Bundesrepublik Deutschland. Kernforschungsanlage Jülich GmbH, Jül-1485, (Als Manuskript gedruckt ISSN-0366-0885)

Brown R.A. (1991): Fluid Mechanics of the Atmosphere. Academic Press, Inc. San Diego.

Brücher W. (1993): Synthetische Windklimatologien aus Bodenwindmessungen und mesoskaligen Strömungssimulationen. Diplomarbeit am Institut für Geophysik und Meteorologie der Universität zu Köln.

Brücher W., Kerschgens M.J., Steffany F. (1994): Synthetic wind climatologies. Meteorol. Zeitschrift, N.F.3, 183-186.

Businger J.A., Wyngaard J.C., Izumi Y. und Bradley E.F. (1971): Flux profile relationships in the atmospheric surface layer. J.Atmos.Sci.,28,181-189

Detering W.H. (1985): Mischungsweg und turbulenter Diffusionskoeffizient in atmosphärischen Simulationsmodellen. Bericht des Inst. für Meteorologie und Klimatologie der Universität Hannover Nr. 25.

Dobbins R.A. (1981): Atmospheric Motion and Air Pollution. New York, Chichester, Brisbane, Toronto: John Wiley & Sons

Draxler R.R. (1984): Diffusion and transport experiments. In: D.Randerson, editor, Atmospheric Science and Power production. U.S.Department of Energy, Springfield.

DWD (1994): Erläuterungen zur synthetischen Ausbreitungsklassenstatistik nach dem Brenk-Verfahren. Deutscher Wetterdienst Offenbach.

Eichhorn J. (1989): Entwicklung und Anwendung eines dreidimensionalen mikroskaligen Stadtklima-Modells. Phys. Dissertation, Universität Mainz

Flassak Th. (1989): Ein nichthydrostatisches mesoskaliges Modell der planetaren Grenzschicht. Dissertation. Universität Karlsruhe.

Gesellschaft für Umweltüberwachung (1979): Accuracy in dose calculations for radionuclides released to the environment. Proceeding of a workshop on Sept. 1979, GUW, Aldenhoven.

Gifford F.A. (1976): Turbulent diffusion typing schemes: A review. Nuclear safety,17, Nr.1, 68-86.

Glaab H. (1986): Lagrangesche Simulation der Ausbreitung passiver Luftbeimengung in inhomogener atmosphärischer Turbulenz. Dissertation, Fachbereich Mechanik, Technische Hochschule Darmstadt

Goodin W.R., McRae G.J. and Seinfeld J.H. (1979): A comparison of interpolation methods for sparse data. Applications to wind and concentration fields. J. Appl. Meteor. 18, 761-771.

Haltinger G. und Williams T. (1980): Numerical Prediction and Dynamic Meteorology. John Wiley and Sons, New York.

Hanna S.R. (1982): Review of Atmospheric Diffusion Models for Regulatory Applications, Technical Note No. 177. WMO-No.581. World Meteorological Organisation, Geneva-Switzerland

Hanna S.R., Briggs G.A. and Hosker R.P. (1982): Handbook of atmospheric diffusion. Techn. Information Center. US Dep. of energy.

Harten A. (1986): On a large time-step high resolution scheme. Math. Comp. 46, 379-399.

Holzbecher E. (1996): Modellierung dynamischer Prozesse in der Hydrologie. Springer Berlin Heidelberg

Hosker R.P. (1984): Flow and Diffusion near Obstacles. In: D.Randerson (Editor): Atmospheric Science and Power Production. Published by Technical Information Center ; Office of Science and Technical Information; US Departement of Energy

Janicke L. (1992): Handbuch zum Ausbreitungsmodell LASAT. Ingenieurbüro Janicke, Überlingen.

Kastner-Klein und Plate E.J. (1997): Wind-tunnel study of vehicle emissions dispersion in urban areas. Bericht FZKA-PEF 153 zum 13. Statuskolloquium des PEF im Forschungszentrum Karlsruhe.

Kinzelbach W. (1992): Numerische Methoden zur Modellierung des Transports von Schadstoffen im Grundwasser. Oldenbourg Verlag, München

Klein P., Rau M., Wang Z. and Plate E.J. (1994): Ermittlung des Strömungs- und Konzentrationsfeldes im Nahfeld typischer Gebäudekonfigurationen (Experimente). Final report of project PEF 92/007/02, Freiburg, Germany.

Klug W. (1969): Ein Verfahren zur Bestimmung der Ausbreitungsbedingungen aus synoptischen Beobachtungen. Staub – Reinhalt. Luft 29 (4) 143-147

Kolb H. (1975): Vergleich verschiedener Methoden der Übertragung von Statistiken der Ausbreitungsverhältnisse in orographisch modifiziertem Gelände. Arch. Met. Geophys. Biokl., Ser. B, Band 24, S.57-68.

Kühling W. (1986): Planungsrichtwerte für die Luftqualität. Ministerium für Umwelt, Raumordnung und Landwirtschaft NWR, Dortmund.

Levin I und Münnich K.O. (1992): Experimentelle Bestimmung der Langzeitausbreitungsfaktoren durch simultane C14 und Kr85-Messungen in der Umgebung der Wiederaufbereitungsanlage Karlsruhe (WAK). Abschlußbericht zum BMU-Forschungsvorhaben St.Sch.993.

Lohmeyer (1998): persönliche Mitteilung.

Manier G. (1991): Gauß-Modelle und ihre Anwendung in der Luftreinhaltepraxis. Meteorol. Rdsch., 44. Jahrgang, Heft 1-4, S94- 98.

Marnier G. (1975): Vergleich zwischen Ausbreitungsklassen und Temperaturgradienten. Meteorol. Rdsch. 28, 6-11

Martens R.,Maßmeyer K.,Pfeffer W.,Haider G.,Morlock G. (1987): Bestandsaufnahme und Bewertung der derzeit genutzten atmosphärischen Ausbreitungsmodelle. Gesellschaft für Reaktorsicherheit (GRS) mbH Köln

Maßmeier K., Martens R., Pfeffer W., Druwe H. (1989): Bereitstellung eines Programmsystems zur realitätsnahen Simulation der Ausbreitung und Ablagerung luftgetragener Schadstoffe. Gesellschaft für Reaktorsicherheit, Köln, GRS- A-1632.

Maßmeier K., Martens R., Hofer E. und Krzykacz B. (1993): Untersuchungen zur Verifizierung von komplexen Modellen zur Beschreibung des Schadstofftransportes. Gesellschaft für Reaktorsicherheit, Köln, GRS- A-1985.

McBean G.A. (1972): Instrument Requirements for Eddy Correlation Measurements. Journal of Applied Meteorology, Vol. 11.

Miersch M. (1994) : Was die Ahnen weggespült. In: Die Zeit Nr. 35, 26.8.

Mitchell A.R., Griffiths D.F. (1980): The Finite Difference Method in Partial Differential Equations. John Wiley & Sons , New York Chichester Brisbane Toronto

Möller F. (1973): Einführung in die Meteorologie Band 1.Mannheim: Bibliographisches Institut

Möller F. (1973) : Einführung in die Meteorologie Band 2.Mannheim: Bibliographisches Institut

Möhler S. (1996):Übertragungsverfahren von Ausbreitungsklassenstatistiken und Ausbreitungsmodelle in ihrer Anwendungsproblematik. Diplomarbeit Universität Heidelberg.

Moussiopoulos N. (1987): Mathematische Modellierung mesoskaliger Ausbreitung in der Atmosphäre. VDI Verlag Reihe 15: Umwelttechnik Nr.64

Nester K. und Thomas P. (1979): Im Kernforschungszentrum Karlsruhe experimentell ermittelte Ausbreitungsparameter für Emissionshöhen bis 105 m. Staub-Reinhaltung der Luft 39: 291-295.

Noye J. (ed.) (1978): An Introduction to Finite Difference Techniques. Numerical Simulation of Fluid Motion. North-Holland Publishing Company, pp.1-112

Oke T.R. (1987): Boundary Layer Climates. Methuen, London

Orlanski I. (1975): A rational subdivision of scales for atmospheric processes. Bull. Am. Met. Soc., 56, 527-530.

Päsler-Sauer J. (1986): Comparative Calculations and validation studies with atmospheric dispersion models. KfK Karlsruhe, Bericht 4164.

Pasquill F. (1961): The estimation of the dispersion of windborn material. Meteorol. Mag. 90: 33-49.

Patankar S.V. (1980): Numerical Heat Transfer and Fluid Flow. In: Minkowycz W.J., Sparrow, E.M. (eds.): Series in Computational Methods in Mechanics and Thermal Sciences. New York: McGraw-Hill Book Company

Peyret R., Taylor T.D. (1982): Computational Methods for Fluid Flow. Springer, Berlin Heidelberg New York

Pielke (1984): Mesoscale meteorological Modeling. Academic Press London,.

Prandtl L. (1925): Über die ausgebildete Turbulenz. Z. Angew. Math. Mech. 5, 136-139.

Press W.H. (1989): Numerical Recipes. Cambridge University Press.

Randerson D. (ed.)(1984): Atmospheric Science and Power Production. Technical Information Center Office of Scientific and Technical Information United States Department of Energy.

REPLIP (1995): Regio-Klima-Projekt. Trinationale Arbeitsgemeinschaft Regio-Klima-Projekt RE-KLIP. Vdf-Hochschulverlag AG an der ETH Zürich.

Roache P.J. (1976): Computational Fluid Dynamics. Hermosa Publishers, Albuquerque.

Robins A.G. (1979): Development and structure of simulated neutrally atmospheric boundary layers. J. Industrial Aerodyn., 4, 71-100.

Röckle R., Richter C. J. (1994): Ermittlung des Strömungs- und Konzentrationsfeldes im Nahfeld typischer Gebäudekonfigurationen (Modellrechnung). Final report of project PEF 92/007/02, Freiburg, Germany.

Röckle R., Richter C.J., Dröscher F., Salomon Th. (1997): Ausbreitung von Emissionen in komplexer Bebauung – Vergleich zwischen numerischen Modellen und Windkanalmessungen. Bericht FZKA-PEF 153 zum 13. Statuskolloquium des PEF im Forschungszentrum Karlsruhe.

Rodi W. (1984): Examples of turbulence model applications. In Turbulence Models and their Applications, Eyrolles, Paris.

Roedel W. (1992): Physik unserer Umwelt: Die Atmosphäre. Springer, Berlin Heidelberg

Ross D.G., Smith I.N., Manins P.C. and.Fox D.G. (1988): Diagnostic wind field modeling over complex terrain. Model development and testing. J.Appl. Meteor. 27, 785-796.

Sasaki Y. (1970): Some basic formalisms in numerical variational analysis. Mon. Weather Rev. 98, 875-883.

Schädler G. , Bächlin W., Lohmeyer A. und Van Wees Tr. (1996): Vergleich und Bewertung derzeit verfügbarer mikroskaliger Strömungs- und Ausbreitungsmodelle. PEF-Forschungsbericht FZKA-PEF 138. Projekt Europäisches Forschungszentrum für Maßnahmen der Luftreinhaltung im Forschungszentrum Karlsruhe.

Schlünzen H. und Schatzmann M. (1984): Atmosphärische Mesoskale-Modelle. Ein Überblick. Hamburger Geophysikalische Einzelschriften. G.M.L. Wittenborn Söhne, Hamburg.

Schuhmacher P. (1992): Messungen und numerische Modellierung des Windfeldes über einer Stadt mit komplexer Topographie. Züricher Geographische Schriften Heft 47, ETH Zürich.

Seinfeld J.H. (1986): Atmospheric Chemistry and Physics of Air Pollution. John Wiley & Sons, New York.

Sherman C.A. (1978): A mass-consistent model for wind fields over complex terrain. J. Appl. Meteor. 17, 312-319.

Siano S. (1994): Numerische Simulation zur Ausbreitung von Luftverunreingungen in bebautem Gelände. Phys. Diplomarbeit, Universität Hannover.

Singer I.A., Smith M.E. (1953): Relation of gustiness to other meteorological variables. J.Meteorol.Bd.10,S.121.

Smith F.B. (1973): A Scheme for Estimating the Vertical Dispersion of a Plume from a Source Near Ground Level. Proc.Nr.14, Air Poll. Techn.. Inf. Center USEPA,Triangle Park.

Smolarkiewicz P.K (1982): A simple positive definite advection scheme with small implicit diffusion. Monthly Weather Review 111, 479-760.

Smolarkiewicz P.K., Clark T.L. (1986): The Multidimensional Positive Definite Advection Transport Algorithm: Further Development and Applications. Journal of Computational Physics 67, 396-438.

Smolarkiewicz P.K., Grabowski W.W. (1989): The Multidimensional Positive Definite Advection Transport Algorithm: Nonoscillatory Option. Journal of Computational Physics 86, 355-375.

Stern A. et al. (1984): Fundamentals of air pollution. 2nd Ed., Academic Press, Orlando.

Stull R.B. (1991): An Introduction to Boundary Layer Meteorology. Kluwer Academic Publishers, London.

Szepesi D.J. (1989): Compendium of regulatory air quality simulation models. Academiai Kiado, Budapest.

TA-Luft (1986): Erste Allgemeine Verwaltungsvorschrift zum Bundes-Immissionsschutzgesetz. (Technische Anleitung zur Reinhaltung der Luft-TA Luft).

Taylor A., Mason P.J. and Bradley E.F. (1987): Boundary-layer flow over low hills. In: Boundary-Layer Meteorology 39, pp. 107-132.

Thehos R., Pflüger U., Dittmann E., Baltrusch M., Büchen M. (1994): Vergleich von Ausbreitungsrechnungen mit der Modellkombination FITNAH/ LPDM und dem Verfahren der TA-Luft. Hessische Landesanstalt für Umweltschutz, Wiesbaden, Heft 173.

Trapp S., Matthies M. (1996): Dynamik von Schadstoffen-Umweltmodellierung mit CemoS. Springer, Berlin Heidelberg

Turner D.B. (1964): A diffusion model for an urban area. J.appl. Meteorol. Bd.3,83

VDI-Richtlinie 2310, Blatt 6: Maximale Immissionswerte zum Schutz der Pflanzen, Maximale Immissionskonzentrationen für Ozon. Verein Deutscher Ingenieure. Beuth-Verlag, Berlin.

VDI-Richtlinie 2310, Blatt 2: Maximale Immissionswerte zum Schutz der Pflanzen, Maximale Immissionskonzentrationen für Schwefeldioxid. Verein Deutscher Ingenieure. Beuth-Verlag, Berlin.

VDI-Richtlinie 2310, Blatt 5: Maximale Immissionswerte zum Schutz der Pflanzen, Maximale Immissionskonzentrationen für Stickstoffdioxid. Verein Deutscher Ingenieure. Beuth-Verlag, Berlin.

VDI-Richtlinie 2310, Blatt 3: Maximale Immissionswerte zum Schutz der Pflanzen, Maximale Immissionskonzentrationen für Fluorwasserstoff. Verein Deutscher Ingenieure. Beuth-Verlag, Berlin.

VDI-Richtlinie 2310, Blatt 1: Maximale Immissionswerte. Verein Deutscher Ingenieure. Beuth-Verlag, Berlin.

VDI-Richtlinie 2310, Blatt 11: Maximale Immissionswerte zum Schutz des Menschen, Maximale Immissionskonzentration für Schwefeldioxid. Verein Deutscher Ingenieure. Beuth-Verlag, Berlin.

VDI-Richtlinie 2310, Blatt 12: Maximale Immissionswerte zum Schutz des Menschen, Maximale Immissionskonzentration für Stickstoffdioxid. Verein Deutscher Ingenieure. Beuth-Verlag, Berlin.

VDI-Richtlinie 2310, Blatt 15: Maximale Immissionswerte zum Schutz des Menschen, Maximale Immissionskonzentration für Ozon. Verein Deutscher Ingenieure. Beuth-Verlag, Berlin.

VDI-Richtlinie 3782, Blatt 1: Gaußsches Ausbreitungsmodell für Luftreinhaltepläne. Verein Deutscher Ingenieure. Beuth-Verlag, Berlin.

VDI-Richtlinie 3783, Blatt 1: Ausbreitung von störfallbedingten Freisetzungen, Sicherheitsanalyse. Verein Deutscher Ingenieure. Beuth-Verlag, Berlin.

VDI-Richtlinie 3783, Blatt 6: Regionale Ausbreitung von Luftverunreinigungen über komplexem Gelände. Modellierung des Windfeldes. Verein Deutscher Ingenieure. Beuth-Verlag, Berlin.

VDI-Richtlinie 3945, Blatt 1: Gaußsches Wolkenmodell. Kommission Reinhaltung der Luft im VDI und DIN. Verein Deutscher Ingenieure. Beuth-Verlag, Berlin.

Vogt K.J. (1977): Empirical Investigations of the diffusion of waste air plumes in the atmosphere. Nucl. Technol. 34: 43-57.

Vogt K.J. (1976): Ergebnisse der Jülicher Ausbreitungsexperimente für 50 und 100 m Emissionshöhe. ZST-Bericht 240, KFA Jülich.

Warnecke G. (1991): Meteorologie und Umwelt. Springer, Berlin.

Wieringa J. (1993): Representative roughness parameters for homogeneous terrain. Boundary Layer Meteorology, 63: 323-363.

Wieringa J. (1996): Does representative wind information exist? Journal of wind engineering and industrial aerodynamics 65, 1-12.

Wippermann F. (1981) : The applicability of several approximations in mesoscale modelling - a linear approach. Contr. Atm. Phys., 54, 298-308.

Zartner-Nyilas G. , P. Deutsch, L.Roth (1997): Grenzwerte. Ecomed-Verlag, Landsberg.

Zenger A. (1996): Übertragung von Ausbreitungsklassenstatistiken nach dem Brenk-Verfahren. Gefahrstoffe-Reinhaltung der Luft 12, 1996.

Zenger A. (1996): Unterschiedliche Verfahren zur Prognose atmosphärischer Immissionen im Rahmen von Umweltverträglichkeitsprüfungen – Methoden, Möglichkeiten und Grenzen. In: Pfaff-Schley (Hrsg.) : Die Umweltverträglichkeitsprüfung. Springer, Berlin.

Zenger A. (1983): Die Eddy-Korrelationsmethode zur Bestimmung von turbulenten Wärmeflüssen in der Atmosphäre. Diplomarbeit, Universität Heidelberg

10 Sachverzeichnis

Springer
und
Umwelt

Als internationaler wissenschaftlicher
Verlag sind wir uns unserer besonderen
Verpflichtung der Umwelt gegenüber
bewußt und beziehen umweltorientierte
Grundsätze in Unternehmens-
entscheidungen mit ein. Von unseren
Geschäftspartnern (Druckereien,
Papierfabriken, Verpackungsherstellern
usw.) verlangen wir, daß sie sowohl
beim Herstellungsprozess selbst als
auch beim Einsatz der zur Verwendung
kommenden Materialien ökologische
Gesichtspunkte berücksichtigen.
Das für dieses Buch verwendete Papier
ist aus chlorfrei bzw. chlorarm
hergestelltem Zellstoff gefertigt und im
pH-Wert neutral.

Springer